森林生态服务及
森林碳汇市场化研究

于波涛　著

科学出版社

北京

内 容 简 介

本书从森林生态资源的市场化资源配置入手，使森林生态资源成为经济发展的内生动力来寻求解决我国的环境危机问题。森林生态服务市场化涉及水文服务、防风固沙、森林景观休憩、碳汇交易、生物多样性、水土保持等多项内容。森林资源的可持续与生态环境的可持续息息相关，本书基于森林生态的特性从经济学的多维层面来分析森林生态服务市场化的制度设计机制运行、价格确定、制度保障及市场构建等多项内容。

本书适合从事森林生态服务机构的工作者及从事相关研究工作的理论工作人员阅读，也适合相应专业的学生及关注生态环境的企业界人士作为辅助参考资料。

图书在版编目（CIP）数据

森林生态服务及森林碳汇市场化研究 / 于波涛著 . —北京：科学出版社，2014. 7

ISBN 978-7-03-040421-3

Ⅰ . ①森…　Ⅱ . ①于…　Ⅲ . ①森林–生态系统–研究–中国 ②森林–二氧化碳–资源利用–研究–中国　Ⅳ . ①S718.5

中国版本图书馆 CIP 数据核字（2014）第 074099 号

责任编辑：李　敏　周　杰 / 责任校对：胡小洁
责任印制：赵德静 / 封面设计：李珊珊

科 学 出 版 社 出版

北京东黄城根北街 16 号
邮政编码：100717
http://www.sciencep.com

新科印刷有限公司 印刷

科学出版社发行　各地新华书店经销

*

2014 年 7 月第 一 版　开本：720×1000　1/16
2014 年 7 月第一次印刷　印张：13 3/4
字数：300 000

定价：88.00 元
（如有印装质量问题，我社负责调换）

前　言

　　森林生态学是研究森林生态的重要理论支柱，近年来，随着林业的遥感技术及其他学科测量技术的发展及应用，森林生态的定量研究越来越科学。而森林生态属性的定量化研究，为森林生态服务市场化交易、生态服务商品的量化做好了经济学方面的准备。森林生态服务市场化的研究，涉及多方面的内容：环境服务市场、水文服务、生物多样性、景观服务、碳交易，每一种交易内容都面临着市场的交易制度、交易主体、市场机制、价格确定、法律保障等多重因素。市场的发展又面临不同阶段的市场环境的变化。面对这些，我们需要构建一个有效的生态市场，通过市场实现森林环境资源的有效配置和环境的可持续。梳理生态环境的发展历史，认识到环境对我们的生存与发展所面临的巨大压力，从多重角度完善森林环境资源的市场化配置，是我们的当务之急。多年来，无论生态补偿政策、天然林资源保护工程、环境保护法的实施，都不能完全有效地解决生态环境问题。从经济发展的内生角度认识环境问题，环境能否成为我们经济发展的内生动力，是否是我们认识及解决问题新的突破点。借鉴国内外的先进经验、特别是国际的碳汇交易及发达国家的生态交易，创新性地解决环境问题和构建中国特色的生态交易市场，是我们解决环境保护问题的最佳手段，也是我们建设生态文明的必经之路。中国目前是世界最有动力的经济体，也是世界最大的经济体之一，急需与之相配的最和谐的生态文明。森林是人类的摇篮，是生态的载体，我们需要用最有力的手段——生态市场化的方式来哺育森林、发展生态。在商品经济时代，市场是最好的动力之母。

　　纵观历史，人类的文明史与生态的文明是相伴而行的，没有生态文明相伴的经济发展是人类在自掘坟墓。科学需要视角，任何一个视角，难免有偏颇之嫌，基于森林生态学的研究是我们市场化的基础。本书试图从市场化的视角来解决森林生态的可持续发展，源于一种对我国生态全局性恶化急需解决的迫切心情，借鉴了国内外同辈及前辈的许多研究成果，同时也参考了我的学生在论文写作中的许多观点与资料，几经易稿，写成本书。在此，向他们表示诚挚的谢意！书中尚有一些不成熟的观点，望专家与读者批评，以利于在争论中寻找更好的解决办法。

于波涛

2014 年 1 月 18 日

目　　录

1

绪　论

1.1　环境危机与森林生态服务

1.1.1　人类面临严重的生态环境危机

森林资源作为地球上最重要的资源之一，在创造巨大经济效益的同时还发挥着保护生态环境的作用。森林的生态效益功能主要形式有：固碳释氧、防风固沙、保持水土、涵养水源、净化空气、滤尘滤音、生物多样性保护等。随着人类社会经济的发展，森林生态环境所承载的压力不断增加，加速了森林生态系统服务功能的退化与减少，生态环境遭到了严重的破坏。世界各国开始意识到森林是重要的陆地生态环境资源，其在平衡生态、改善环境过程中具有重要作用。如何有效地平衡经济发展与环境保护之间的矛盾，生态环境建设者与受益者之间的利益矛盾，局部利益与整体利益之间的矛盾一直是世界各国政府关注的问题，也是在解决森林生态保护和利用问题中面临的巨大挑战。

随着地球地质环境的不断演变，气候也慢慢随之发生变化，然而自然界有比较充分的时间来适应气候这一变化的过程。工业革命为我们带来了巨大的经济利益，但与此同时，也产生了严重的环境问题。人类对自然界的改造活动逐渐加剧，大大加强了掘取自然资源的力度，工业废气大量排放，使得大气中 CO_2 含量过高，温室气体的浓度急剧上升，最终导致了地球温室效应越来越严重。根据全球地表温度数据显示，20 世纪很长的一段时间内，地球升温约 0.5℃，是地球上出现高温年份最多的时间，1995 年，其温度达到了 20 世纪温度的峰值，1980 年以后相继出现了其余的 11 个最热的年份。20 世纪 50 年代后期，环境污染严重，科学界也开始关注全球气候变化与温室气体之间的关系，并对此展开了一系列的研究。至 20 世纪 90 年代初，经过各种研究和数据显示，导致全球变暖的主要因素是人类向大气中排放的温室气体。其中，CO_2 占温室气体总量的 2/3 以上，是人工来源的温室气体中所占比例最多的一种，而且，它在大气中的寿命可以长达 50～200 年。随着社会各界对环境问题的普遍关注，人们逐渐意识到，全球性的气候变暖是严重的生态问题，将会影响人类的正常生活。地球的温度升高会导致极地的冰川逐渐融化、海平面升高，一些处于海岸的地区就会被淹没。降雨和大气环流的变化是气候变暖的后续影响，气候反常，频繁发生旱涝灾害，近些年来厄尔尼诺现象、拉尼娜现象的频繁出现给人类造成了沉重的打击。环境问题的频繁发生直接威胁了人类的生存，各种疾病和传染病肆虐发生，死亡率也在"节节攀升"。《国家综合减灾"十一五规划"》指出，近 15 年来，我国平均每年因各类自然灾害造成约 3 亿人受灾，直接经济损失达 2000 亿元。

就目前的情况而言，国际社会正在研讨 2012 年后温室气体减排方案，各个国家都在做一些准备的工作，他们会以一种积极的态度应对全球气候变暖这一问题。1980～2001 年，我国仅化石燃料燃烧所产生的 CO_2 排放量就从 3.94 亿 t 增长到 8.32 亿 t。表 1-1 为全球碳排放大国排行榜，英国的风险评估公司 Maplecroft 公布的温室气体排放量数据显示，2010 年，中国已经超过美国，成为全球第一大 CO_2 排放国，CO_2 排放总量达到 60.00 亿 t。针对这一现象，我国现阶段正面临着国际社会要求减排的巨大压力。此外，同美国、日本等发达国家相比，我国单位能源所创造的产值也处于较低的水平。根据 1993 年以来中国统计年鉴资料显示，我国 GDP 的增长速度低于能源消费的增长速度，这使我国在温室气体减排中又面临新的压力。美国气候变化特使托德·斯特恩（Todd Stern）在 2009 年 5 月表示："中国和其他主要经济体必须加入到减排的行动之中。虽然他们已经做了大量工作，但是他们还需要采取更有效的行动，全力以赴并进行量化。"这说明美国等西方国家有推动我国进一步采取减排行动的倾向。在 2010 年 6 月 22 日，托德·斯特恩在接受我国记者采访时表示，针对气候变化，中国需要同美国合作，中美两国的碳排放量之和超过全球排放量的 1/3，如果中美两国不采取合作的方针，任何全球范围内的气候变化协议都不可能有效实施。甚至有国内学者（王金南，2008）指出：国际上比较认同的观点是，要实现气候变化公约"把大气中温室气体浓度控制在一定的范围内，使其稳定在防止气候系统受到危险的人为干扰的水平上"的最终目标，这样做的先决条件是我国实施减少温室气体排放。为了减轻压力，尽量去争取更大的排放空间，我们应力图努力寻找低成本的工业减排的替代途径。然而这种属性在林业碳汇上显示出来，联合国政府间气候变化专门委员会（IPCC）在 2007 年发布的报告中指出，在减少 CO_2 的排放中，其成本升至 100 美元/t 以内，林业减缓的方案才能具有经济潜力，这其中不包括生物能的影响。2030 年林业减缓可贡献 1.3 亿~4.2 亿 t CO_2 当量，并且一半以上的 CO_2 当量可以按照 20 美元/t 的成本实现。因此，"林业有利于成本低为全球减缓组合方案做出杰出的贡献"的结论。这就说明林业是当前到未来 30 年或更长时期内，减缓气候变化这一行动不在经济和技术上都具有很大可能性的重要措施，而且其减缓气候变化的总成本低于 100 美元/t CO_2 当量，其拥有着明显的成本优势。图 1-1 是全球气候变暖的成因示意。

表 1-1　全球碳排放大国排行榜

国家	CO_2 排放总量/亿 t
中国	60.00
美国	59.00
俄罗斯	17.00
印度	12.90
日本	12.47
德国	8.60
加拿大	6.10
英国	5.86
韩国	5.14
伊朗	4.17

资料来源：Maplecroft，2010

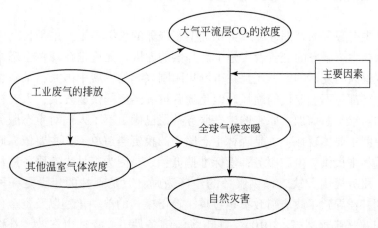

图 1-1　全球气候变暖的成因

资料来源：Maplecroft，2011

我国政府积极的应对 CO_2 等温室气体减排的态度一向是积极而慎重的。1992年，时任中国国务院总理李鹏出席了在巴西里约热内卢召开的联合国环境与发展大会，并于当年 6 月 11 日签署了《联合国气候变化框架公约》；1998 年 5 月，中国政府签署了《京都议定书》；2002 年 9 月，时任中国国务院总理朱镕基参加了约翰内斯堡可持续发展世界首脑会议，且在会议上指出中国将加入《京都议定书》。在此次会议上我国表明了自己的立场，确定了中国会积极参与国际环境合作的决心，树立了中国的大国形象。尽管目前来说，我国仍然没有承诺减排的指标，但是作为一个负责任的大国，我国已经对全球温室气体减排做出了卓越的贡献。2000 年以来，我国实施了一系列的活动，主要是提高能源利用率、计划生育、植树造林和节能减排等，在很大程度上减少了 CO_2 排放量。但是世界上许多发达国家仍然认为我国是"温室气体排放大国"，在《联合国气候变化框架公约》谈判过程中对中国实施压力，希望我国尽早正式承担温室气体减排义务。在 2009 年以来参加的谈判中，我国始终坚持了一个原则，即"共同但有区别的责任"，坚持在经济的可持续发展前提下来解决气候的变化，为我国经济的发展争取了一个有力的时机。近年来，我国经济持续增长，随之而来的是环境问题日益严重，对能源的需求大量增加和 CO_2 排放量骤增，我国呈现在世界各国面前的问题将更加严重，这将造成我国面临更大的温室气体减排压力。基于这种国际背景，我们研究森林生态及碳汇的经济问题已经成为一项非常紧迫、非常重要且具有相应的理论意义和实际意义的课题。

1.1.2 政府补偿及环境问题的国际谈判

森林生态服务的外部性导致了森林生态服务的供给不足，也是长期以来政府对提供森林生态服务的经营者实施生态补偿的原因。无论是在森林生态服务市场化成熟度很高的发达国家，还是在市场化刚刚兴起的发展中国家，某些领域中政府补偿始终都是不能取代的途径。但是随着世界经济的快速发展，人类社会对生态环境的需求不断增加，原来的生态服务补偿已满足不了人们对生态服务的新需求，其原因主要体现在：一是森林生态服务的投资渠道单一，主要依靠政府建设生态公益林来提供，生态服务补偿标准偏低；二是因为森林生态服务产权的界定不清晰，服务提供者缺乏提供服务的经济激励；三是森林的建设是一种长期行为，长期补偿导致了政府财政负担过重，补偿模式的单一化，以及资金使用效率偏低等问题（张永利等，2010）。在市场经济条件下，森林生态效益补偿不能单纯依靠政府，解决现行森林生态服务供需不足的关键途径是要充分发挥市场在资源配置中的基础作用。

为了减缓全球气候变暖这个问题，各国都陆续采取了措施，相继签订了《联合国气候变化框架公约》和《京都议定书》。2005 年 2 月 16 日，《京都议定书》的相关规定正式实施，它作为全球范围内第一部应对气候变化、促进社会经济可持续发展的国际法，对全球的气候变化将产生深远的影响。《京都议定书》要求，在 2008～2012 年的第一个承诺期内，发达国家的温室气体排放量在 1990 年基础上平均减少 5.2%。它的生效带给人类的最大意义是，各个国家第一次在全球范围内，设定具有法律约束力的温室气体减排或限排额度，主要的对象是针对发达国家和经济转轨的发展中国家，控制了甲烷和 CO_2 等 6 种温室气体的排放。实质上是国家间进行多边谈判，来达到合理分配全球温室气体环境容量的资源，是一种关于国际环境管理的制度创新。为帮助一些国家实现温室气体减排目标，降低全球温室气体减排成本，议定书制定了三种灵活机制：国际排污权交易（emissions trading, ET）、联合履约（joint implementation, JI）、清洁发展机制（clean development mechanism, CDM）。其中，针对发达国家的是 ET 和 JI，针对发展中国家的是 CDM。CDM 规定，一些国家可以在符合发展中国家可持续发展政策要求的前提下进行温室气体减排效果的项目投资，以此换取投资项目产生的部分或全部温室气体减排额度，作为其履行减排义务的组成部分。基于森林是全球碳循环的重要载体以及树木在吸储 CO_2 方面的重要作用，《波恩政治协议》和《马拉喀什协定》同意将造林、再造林活动作为第一承诺期合格的清洁发展机制项目，允许部分国家可以通过在发展中国家实施林业碳汇项目以抵消其部分温室气体排放量。但造林和再造林项目只能用来帮助部分国家实现不超过其减排任务的 5%。2003 年 12 月召开的《联合国气候变化框架公约》第九次缔约方大会（COP9）意义深远，大会中提到国际社会已就将造林、再造林等林业活动正式列为碳汇项目达成了一致意见并制定了新的规则制度体系，为造林、再造林碳汇项目的正式启动实施创造了有利外部条件。由此，一个新的概念"京都森林"（Kyoto forest）应运而生。

1.1.3 森林生态服务市场及碳汇交易的兴起与发展

基于上述政府补偿模式的局限性，各国政府、国际组织以及私有部门积极探索新的森林资源保护模式，森林生态服务市场的实践随之出现。从制度经济学的角度建立森林生态服务的市场化机制及市场体系，以市场化的手段解决生态资源配置。因而，林业经济学者提出建设森林生态服务市场的思想，希望通过引入市场机制实现森林生态服务的经济价值。

森林生态服务市场与传统的商品市场一样，主要的构成部分包括森林生态服务供给主体和相应的需求主体，其生态服务供需平衡是通过市场价格来协调的。从实践中得知，生态服务市场建立生态服务供给者与受益者之间联系的纽带是通过正确的价格引导，它是制度的创新。传统经济学理论认为，市场是"看不见的手"，它作为配置稀缺资源的有效手段，通过在市场中的完全竞争来实现资源配置的帕累托最优。森林为人类提供了大量生态服务，如果能够构建森林生态服务市场，在价格机制的作用下，市场将自动调节森林资源的供需状况，从而解决森林资源严重短缺问题，这是森林生态服务市场化的主要思想，也是构建森林生态服务市场的主要理论基础（Aubinet et al. , 2000）。

从20世纪后期到21世纪初，国际上一直致力于促进森林生态服务市场的发展，以及充分利用市场手段发展森林生态系统服务的能力。生态服务支付成为一种经济政策工具在许多国家得到应用与发展，以实现森林生态系统服务的价值，并达到可持续经营森林生态系统的目标。迄今为止，国际社会对森林生态效益的关注主要集中在4个方面，分别是森林的水文服务、固碳、生物多样性保护和森林景观。发达国家和发展中国家的森林生态服务化实践已有287个成功案例。在北美和欧洲拥有最发达的市场和支付体系，主要由数十亿美元的农业—环境公共支付和私人、公共的保护项目组成。在发展中国家，同样有数十亿美元的项目花在森林生态服务支付体系。其中拉丁美洲通过多样化的市场体系积累了丰富的经验，发展相对落后的亚洲和非洲仍然有大量的项目得益于国际碳汇交易的支持。

我国的林业资源主要分为三种：国有林、集体林和非公有制林业。国有林在我国的森林资源中占据着核心地位，其林地面积占全国森林总面积的42.45%，国有森林资源的蓄积量约占全国森林资源总蓄积量的69.56%。林业资源在碳汇方面所起的作用，对林区内森林资源的保护和利用乃至我国整个林业发展的影响是不可低估的，对实现林区的可持续发展、整个国有林区的生态建设以及国家的经济发展和社会进步，都具有重大意义。此外，森林碳汇也是我国当前CO_2减排途径较好的选择，对推动发展低碳经济、减缓全球变暖趋势，设定科学的森林碳汇目标，制定合理相关的措施，促进森林碳汇市场的形成等方面有着深远的影响。

目前，我国碳排放权交易的主要类型是基于项目的交易。由于我国是《京都议定书》的非附件一国家，因此我们并不能直接开展基于配额的交易。基于项目的交易为CDM和JI下分别产生的核证减排量和减排单位（ERUs）。对于我国而言，碳交易及其衍生市场发展前景广阔。我国拥有巨大的碳排放资源，据联合国开发计划署统计，我国碳减排量已占到全球市场的1/3左右，居全球第二。发达国家在 2012 年要完成 50 亿 t 温室气体的减排目标，中国市场出售的年减排额已达到全球的 70%，这意味着未来至少有 30 亿 t 来自购买中国的减排指标。特别是 CDM 市场潜力巨大。我国的 CDM 潜力占到世界总量的 48%。世界银行的分析数据显示，截至 2012 年，我国每年产生超过 1.84 亿 t 碳的减排额度，占到了实际每年减排额度的近 60%，远远超过了其他发展中国家。中国在这个"碳时代"中无疑将会成为一个极具影响力的国家。但是，中国碳交易市场尚处于起步阶段，多是企业之间的场外交易，缺乏价格机制，还没有建立相应的价格体系，信息、价格不透明，主体分散等诸多原因导致成交价格明显低于国际碳市场价格，对争取国际价格决定权极为不利（Burchfield，2012）。

1.1.4　研究市场运行机制的迫切性

我国在市场经济体制建立之前，森林生态服务价值实现的主要方式是政府补偿，伴随着我国改革发展与实践探索的不断深化与发展，具有中国特色的社会主义市场经济的运行机制与监管体制在逐步建立，市场经济制度在得到逐步完善与丰富。各种产品和服务旨在按照市场规律的要求被生产和提供出来，包括固碳释氧、休闲游憩在内的森林生态服务也逐渐走向了市场化供给的轨道。尽管我国当前的森林生态服务供给还没有完全遵循市场规律，按照市场的供求确定供给量和价格，但这些森林生态服务的融资渠道实现了多样化发展态势，目前我国已经出现很多成功的市场化交易案例，如水权交易、碳汇交易、森林景观游憩等。

虽然我国的森林生态服务市场化交易已有相关项目、相关模式在部分典型地方实践，但由于森林生态服务交易数量的多少、交易价格的高低、交易对象的确定、交易方式的选择等随意性很大，并没有明确的可操作的市场运行规则和机制，一些森林生态服务交易行为的发生主要取决于参与者的讨价还价能力或决策者的意志，相应的交易还存在很多的不规范性，因而没有能持久坚持下去。但是这些形式多样的森林生态补偿实践表明一些地方已经出现了用森林生态服务市场化的途径来解决当地森林环境退化修复和生态建设资本短缺等问题，并取得了初步成效。鉴于目前森林生态服务市场化途径还缺乏市场运行机制和政策规范。因此，积极探索我国森林生态服务市场的运行机制及政府应采取何种政策措施来确保森林生态服务市场的有效运行已十分紧迫和必要。

1.2 森林生态服务市场化

1.2.1 市场化目的

传统经济学理论认为，决定市场机制能否对资源进行有效配置的两个关键因素是外部性和公共产品属性，理论研究一直认为私人产品的供给要靠市场分配，而公共物品要靠政府提供，在目前的实践中也是如此（刘国忱，2013）。然而，由于市场和价格在资源配置过程中表现出的高效和公平，人们并没有放弃运用市场手段解决森林生态服务的外部性和公共产品属性，且在探索中取得了一定的成就。科斯理论认为只要市场交易费用存在，通过明晰的产权之间的交易就可以实现具有外部性资源的有效配置，而没有必要放弃市场这一机制（Scherr and Martin，2000）。相关实践也证明，市场和价格机制对解决森林生态服务的配置问题还是很有效的。目前，我国政府正在积极探索森林生态服务市场化之路，也相继开展了一些市场化的实践探索，但是我国的森林生态服务市场无论从理论还是实践上都处于萌芽时期。森林生态服务作为一种公共产品，通常从生态服务中受益的人们并没有直接为得到的服务付费，造成了生态服务有价值，没有价格。

人们在生活中，有意识和无意识地享用着森林的环境服务，这种行为长期下来加重了森林生态服务的压力，与此同时，也给政府财政带来一定的负担。本书主要从我国的具体国情出发，以森林生态服务市场化运行为研究前提，汲取国内外的先进经验，构建以市场为导向的森林生态服务市场化机制，希望能吸引资金来投入到森林生态建设，最终能改善我国生态环境的状况。本书的研究目的是运用市场机制及环境经济学的相关理论知识，研究我国森林生态服务市场化的可行性，探讨我国森林生态服务市场化的理论架构和运行机制，为我国森林生态服务市场运行模式和制度保障提供参考。具体讲，本书研究具有以下两方面目的：

（1）通过对森林生态服务市场相关理论及运行机制的设计研究，运用博弈模型，在实证分析的基础上，提出符合当前国情的森林生态服务市场的合理化制度及保障体系，并提出相关建议。

（2）阐述了与研究相关的概念以及相关的理论，并对理论进行了新的阐述，为本书及以后的森林生态研究丰富了理论基础。

1.2.2　市场化意义

目前，关于森林生态服务市场化的研究仍然处于起步阶段，其相应的方法和模式有待于进一步提高。从经济学的角度出发，对森林生态服务市场化的内容进行详细研究之后，进一步从环境保护学和社会学等多个角度去审视森林的生态效益，建立起全新的森林生态服务市场化指标体系，与此同时运用定性与定量的研究方法、构造模型来进行系统的评价，从而揭示森林生态服务市场化运行的规律。

世界范围内相继开展了很多关于森林生态服务市场实践，各国政府和国际组织越来越期望能够借助市场化手段对森林生态服务进行优化配置。但是仅就目前的研究和发展程度来说，森林生态服务市场机制仍然处于形成和发展初期，森林生态服务市场仍然存在巨大的研究空间，如交易和价格机制需要进一步的研究和探索。同时，由于各国国情和森林资源状况的差异性较大，结合自身状况构建科学合理的森林生态服务市场运行机制也是解决生态危机最重要的探索之旅。

市场运行机制是森林生态服务市场化理论体系最重要的组成部分，是整个理论体系的支柱。森林生态服务特殊的经济属性决定了生态服务市场的构建难度很大，但随着很多有利条件（如人类保护环境意识的不断提高、科学技术的进步）的产生，能够使人们对森林生态服务市场的研究取得更深一步的进展。国内外经济学学者分别从不同的研究视角切入，如森林生态服务产权、市场交易模式、供给与需求、政策及法律法规的制定等对森林生态服务市场理论基础进行了研究，但从目前的研究状况来讲，对森林生态服务市场运行机制进行研究的文献资料并不是很多，基于我国生态环境的危机及减排的压力，对于我国森林生态服务市场运行机制的构建的研究及实施具有重要的迫切性。对森林生态服务市场运行机制的研究主要有以下两个方面的意义：一是为我国森林生态服务市场的建设做好了理论和制度上的一些准备，选择并制定适当的市场运行机制，建设符合我国国情的森林生态服务市场模式，对我国生态环境平稳向前发展具有重要参考意义；二是运用博弈模型和效用理论对森林生态服务进行定价方法研究，并进行实证分析，为森林生态服务价格制定提供新的参考方法。

近些年来，森林生态市场之一——森林碳汇环境服务市场实践已在全世界范围内相继出现，而且越来越多。在世界范围内借助市场途径合理配置 CO_2 排放权的实践相继出现，其主要组成部分——森林碳汇交易的实践也越来越受到各国政府和国际组织的关注和重视。森林碳汇服务交易作为一种新生事物有许多亟待解决的问题，还存在巨大的研究空间。同时，由于各国基本国情和林情都存在较大差异，各个国家都要结合本国状况设计科学合理的森林碳汇市场模式和运行机制，以及在这种模式和机制下有待解决的各类经济问题。我国作为全球碳汇交易市场最大的排放权输出国，难以决定价格，导致碳交易的价格持续走低，交易利润大幅度压缩，交易风险较高。我国在交易活动中的这种被动局面，阻碍了我国森林交易市场的顺利发展。目前，我国关于森林经济问题研究较多，但关于森林碳汇交易价格的却很少。可以更好地反映我国森林碳汇的现状、潜力，从而论证我国林业对遏制温室效应、缓解环境压力的重要意义。

1.3　国内外研究现状

从 20 世纪 80 年代起，人们就开始寻求利用市场化手段来实现对森林生态资源的保护。森林生态系统的退化和森林资源的丧失给人类社会带来的威胁，使得人们对森林环境保护意识逐渐增强，森林生态服务市场化实践在世界上许多国家开始进行尝试。以市场化手段促进森林保护，成为维持森林生态服务供给的有效方式。

1.3.1　国外研究现状

作为重要的生态环境服务资源之一，森林生态服务备受关注。国内外学者很早就开始对森林生态服务市场理论进行研究。Katoomba 组织认为，人们对于森林生态服务的潜在需求量远远大于人们所认知的，而且需求的增长速度也是很快的。Wunder（2005）解释了森林服务市场交易行为，认为只要生态产品能够被很好地定义，且能够确保其持续供应，森林生态服务购买者和提供者之间就可以进行自由贸易。Pagiola（2006）又在 Wunder 的基础上添加了两个限制条件：一是生态产品的购买者应该是实际的生态服务需求及使用者而不是政府；二是生态服务交易应该在于集中解决森林生态服务外部性的内部化问题。

英国的伦敦国际环境与发展研究所和美国的森林趋势组织分别就生态市场及其补偿机制在世界范围内的案例进行了研究和总结，并将此作为理论探讨和市场开发的依据。研究的热点主要集中在如何构建市场的问题上，主要包括：森林生态服务市场构建的可行性（Kerr，2005），市场的交易模式（Icraf and Rupes，2008），私有部门参与的积极性（Kiss，2002），市场构建所需要的法律、制度和政策框架（Krishna，2007），影响市场构建的因素等。Woodward 等（2008）认为森林生态服务的交易成本与交易体系、交易规则、报告的要求等紧密相关，且在不同的市场结构中，其交易成本也不尽相同。建立森林生态服务市场的成本较高，关于构建森林生态服务市场的理论目前仍处于探索阶段，对市场机制的设计、实施、监督等都需要在实践中摸索。其他学者也相当重视森林生态服务的价值评估，并进行了相关研究：Tobias 等（2012）从不同功能出发，探讨了热带雨林的生态服务价值；Kumara 等（1990）在热带雨林的水源涵养的经济效益和森林流域保护等方面进行了评价；Pattanayak 等（1997）的研究表明，全球森林每年提供的森林生态服务价值为 969 美元/hm^2。

森林碳汇问题的最早研究开始于 20 世纪 60 年代中后期国际科联（International Council for Science，ICUS）执行的项目计划——国际生物学计划中。之后，1972 年联合国教科文组织并开展了人与生物圈计划（man and the biosphere，MAB），碳蓄积研究是其中的一个重要部分（张颖等，2010）。在此计划的指引下，美国、英国、法国、加拿大以及巴西等国家分别对各自区域内森林生态系统的碳平衡问题做了研究。这个阶段主要是从自然科学的角度出发，对森林碳汇进行研究，内容包括森林碳汇对大气的净化作用、森林碳汇的计量模型、不同类型的森林系统吸收 CO_2 的差异研究等。随着 20 世纪 90 年代末期《京都议定书》的出台，森林碳汇被列入 CDM，以一种真正的商品姿态出现在国际市场上，国际社会才开始广泛关注森林碳汇贸易所蕴藏的巨大商机。森林碳汇交易作为一个崭新的课题，也成为各国学者研究的重点。

探讨能源的最佳消耗路径是能源价格研究的目的，从这个意义上说，它与可持续发展所关注的资源利用的代际影响是相辅相成的。Hotelling（1931）在美国《政治经济学》杂志上发表《可耗竭资源的经济学》是在资源经济学领域的权威文献。他提出了两个模型，即在竞争市场环境下零开采成本的资源最佳开采模型与资源价值量计算模型。模型得出的结论是，市场利率的上涨速度决定了耗竭性资源的净价格。这一结论就是被人们所称的霍特林准则，在资源经济学领域属于权威的基础理论。后来 Hotelling 最初的非线性规划模型被很多学者进行了改造和深入研究，其中有些学者在考虑了可变的资源开采成本、动态的资源储量以及不确定的资源替代性等各种因素后将其发展为最优控制模型，但因为考虑了各种因素使得研究的情形和推导的过程更加复杂。霍特林准则预测了自然资源价格变化的动态路径，许多西方资源经济学家开始通过各种方式对这一路径进行实证检验。

国际上对于森林碳汇问题的研究开始于 20 世纪 60 年代中后期，全球性的陆地森林生态系统碳蓄积研究是从 ICUS 执行的国际生物学计划（IBP）开始的，

1972 年 MAB 则是 IBP 计划的延伸和扩展（胡昳和姜洋，2009）。在这之后，欧洲各国都分别对区域森林生态系统的碳平衡及其与全球碳循环之间的关系进行了研究。那时候人们对于森林碳汇的研究并不深入，大部分研究都集中在自然科学领域，内容涉及森林碳汇对于大气的净化作用、森林吸收 CO_2 量计算模型、不同的森林类型吸收 CO_2 差异研究等，只考虑到了森林碳汇的生态效益，而对于森林碳汇的经济价值和社会效益的研究寥寥无几。森林碳汇所隐藏的巨大经济效益是随着《京都议定书》的出台和签署才逐渐显露出来的。

Sedjo 和 Solomon（1989）首次在文章中明确提出可以通过扩大森林面积的方式来积蓄 CO_2，从而减少大气中的 CO_2 的浓度。随后，Richards 和 Stokes 对 Sedjo 和 Solomon 的结论进行了实证研究，结果表明，利用碳汇项目能够使美国的温室气体排放量回到 1990 年的减排水平，证明了碳汇对于温室效应的巨大作用（Richards and Stokes，2004）。

为了给政策制定者提供森林碳汇对减缓温室效应的贡献相关信息并预估其减排成本，Moulton 和 Richards 利用成本效率法对碳汇成本进行了估算，预测了土地上升可能会导致的碳汇成本变化，并提出了未来的研究建议（Moulton and Richards，1990）。

同时，为了促进森林碳汇项目能够成功地用来实施温室气体减排，研究人员在碳汇计量模型的基础上，根据实际情况预估了各国的森林碳汇储量。Kolchugina 和 Vinson 估算了苏联的森林碳汇储量为 46.3~50.3PgC（Kolchugina and Vinson，1993），Alexeyev 等在苏联解体之后，对俄罗斯的森林碳汇储量进行估算的结果为 25.6~42.1 PgC（Alexeyev et al.，1995）。Kurz 等对加拿大的碳汇储量的估算结果则为 15.2 PgC（Kurz et al.，1992）。

随着森林碳汇各个领域研究的深入，一些学者开始研究碳汇的固碳能力、计量方法和交易成本。Moura 和 Wilson 运用了吨年的计量方法来解决森林碳汇信用计算的非持久性问题（Moura and Wilson，2000），Michael 和 Bernhard 计算了 CDM 临时可认证减排量的价值，提出碳汇信用的价值在一定程度上受到国际政策的影响（Michael and Bernhard，2003）。

Miline 基于对森林碳汇项目的交易成本分析，探讨了使用交易成本最小化的方法，构建了关于林业碳汇项目的交易成本模型（Milne，1999）。

Additional Report of Working Group 4 对交易成本问题进行了系统研究，主要是对《京都议定书》中基于项目的交易成本进行研究，通过研究发现交易成本的大小对于交易能否顺利进行起着至关重要的作用，尤其对于那些规模不是很大的碳汇项目的成功实施影响重大（Additional Report of Working Group 4，2001）。

Michael 和 Bernhard（2002）对 CDM 下临时可认证减排量的实际应用问题进行了分析并计算了临时可认证减排量的价值，指出临时可认证减排量如果要与可认证减排量相等，必须经过重复认证。2004 年，他又对 CDM 下的造林、再造林项目的到期信用风险和价值相关问题进行了深入研究，指出碳汇信用的价值受国际环境政策的变化和供给方认知度的不确定性影响，如果环境气候政策从国际到各个国家能够得到有效协调统一，更多的投资会转向长期可认证减排量。

Michaelowa 和 Stronzik 等通过对《京都议定书》中的碳汇市场的交易成本问题进行深入研究得出，依据目前碳汇的市场现行价格，森林碳汇项目 CO_2 排放量小于 5 万 t，将不会获得任何经济效益（Michaelowa and Stronzik，2002）。

本·琼（Ben·Jong）以南墨西哥为例，对增加森林碳汇潜力的不同技术进行了相关测评与经济分析，分析结果显示，森林经营管理水平的显著改善可以经济有效地提高森林碳汇的潜力（Jong，2000）。

理查德·纽威尔（Richard·Newell）研究了森林碳汇成本对相关影响因素的敏感度，这些影响因素主要包括管理、采伐制度、相关产品价格、折扣率等（Newell，2000）。

亚当斯（Adams）对影响碳汇成本的各因素进行了分析，结果显示，对碳汇成本长期影响最大的是土地使用面积的变化，而对碳汇成本短期影响最大的则是管理要素的改变。

Plantinga 通过土地的计量经济模型分别估算了迈阿密、卡罗莱纳州以及威斯康星州的森林碳汇平均减排成本，得出其平均减排的成本价格分别为 230 美元/te、50 美元/te、170 美元/te。

Jotzo 和 Miehaelowa（2003）基于边际减排成本曲线，利用全球碳汇市场的数量模型估计了《马拉喀什协定》下的 CDM 市场，提出受美国退出《京都议定书》的影响，CDM 市场在第一个承诺期内将会以低需求和低价格的典型特征出现，发展中国家关于 CDM 的相对较大规模的碳汇项目在中期会比较少，但是会有一些为了积累经验和建立制度的项目开展。

1.3.2　国内研究现状

中国森林生态服务市场化程度正处在萌芽状态，许多学者也对此进行了初步性的理论研究：梁丽芳和张彩虹（2007）提出森林生态服务是一种较为典型的公共产品，其使用与提供存在很大的外部性，构建了以工厂、森林和居民为市场要素的森林生态服务产权市场，说明了市场的构建可以从根本上解决林业生态建设动力不足的问题；刘璨（2002）分析了森林生态服务市场创建的阻碍因素；张大红（2003）构思出一种森林生态服务市场化交易的具体方式——森林生态服务使用权证；陈勇（2005）对目前在森林生态服务市场创建过程中面临的主要问题进行了分析，对森林环境服务市场研究趋势进行了展望。蔡志坚（2005）深入研究了国际森林碳汇市场机制中的市场交易体系、市场推动力、市场要素、交易对象和支付机制等问题，并提出我国发展森林碳汇市场急需解决的几个问题；林德荣（2005）在其博士论文中设计了森林碳汇服务市场的基础框架，并对市场中的交易成本与产权制度问题进行了深入分析和研究。刘飞（2010）指出目前我国流域服务市场化的程度最高，很多成功的交易案例已经形成；景观游憩和生物多样性保护的市场化程度也在逐渐提高，且潜力巨大。从 20 世纪末开始，国内学者张建国等也相继对森林综合效益计量的原则、计量的指标体系、效益货币化的方法等方面的问题进行了大量的研究与探索。

国家计划委员会 1987 年颁布的《建设项目经济评价方法与参数》中专门阐述了影子价格的计算和应用。

张敦富等（2010）提出了利用影子价格确定资源价值，即通过资源给投入的生产或劳务所带来收益的边际效益来确定其影子价格，然后参照影子价格或根据影响因素进行微调，即乘以某一价格系数来确定资源的实际价格。

魏晓平等（1997）则在动态最优化模型的基础上以矿产资源为例计算了其影子价格；贴现现金流量法是指通过预测资源项目寿命内各年的净现金流量，经贴现之后求得的现值之和作为自然资源价值。我国学者提出的评价模型大多基于这一方法。这种方法在自然资源价值评价方面得到了广泛应用，它与一般工业项目财务评价中的净现值法是相辅相成的。

厉以宁等（1995）提出了用边际机会成本对能源进行定价的理论模型，表明能源的价格就相当于能源产品的边际机会成本，实际上就是边际生产成本、边际使用者成本和边际外部成本之和。

为了促进我国碳汇市场的建立，王雪红（2002）对我国碳汇的发展潜力进行了研究，并分析了我国实施林业 CDM 项目的有利条件；陈根长（2003）、李怒云和高均凯（2003）也对林业 CDM 项目对我国林业的影响及对策进行了初步探讨（陈根长，2003）。

周洪和张晓静在《中国林业》发表"森林生态效益补偿的市场化机制初探"，研究成果中所涉及的内容是我国较早比较系统地研究森林碳汇经济问题的文献、森林碳汇贸易问题，文章提出了我国森林吸收 CO_2 的潜力和碳交易机制的建立对发展我国林业的重大意义以及建立我国森林碳汇交易市场的建议（周洪和张晓静，2003）。

中国对于碳循环研究比发达国家在该领域的研究大约晚 10~15 年，它起始于 20 世纪 70 年代后期。虽然起步较晚，但我国科学家在该领域的研究也取得了令人瞩目的成就。在实施 CDM 给我国林业带来巨大发展机遇的背景下，为了适应国际森林碳汇市场化的进一步发展并促进我国森林碳汇市场的初步建立，我国的许多学者对森林碳汇的经济问题进行了一些研究。

2003 年 12 月魏殿生主编的《造林绿化与气候变化——碳汇问题研究》第一次比较系统地阐述了《京都议定书》签署后，我国林业面临的森林碳汇的社会问题、经济问题、贸易问题以及森林碳汇相关政策问题等。

叶绍明和郑小贤分析了林业碳汇项目在非持久性、基准线和额外性、项目边界和泄漏、不确定性等方面存在的问题和分歧（叶绍明和郑小贤，2006）。

金巍等从经济学的角度对碳汇的经济属性进行分析，提出在与其他减排手段的竞争中存在决策者对林业碳汇市场的了解浅薄和目前林业碳汇市场的相关法律法规还不够健全等问题（金巍等，2006）。

闫淑君和洪伟对森林碳汇价值评估开展了论述，在评估中以森林碳汇的各项功能为评估对象进行市场价值的判断，它与一般的资产评估一样，是一种动态的、市场化的社会经济活动；论述中还提到了在国际森林碳汇市场发展的现阶段，对森林碳汇价值评估市场价值法是比较好的方法，即先定量地分析森林碳汇功能效益，将功能效益市场化后评估其经济价值。在实际评估工作中我们采用的方法是先计算森林固碳量，再乘以市场价格，计算出其总经济价值（闫淑君和洪伟，2003）。

蔡志坚和华国栋（2005）对国际森林碳补偿贸易市场的机制进行了深入研究。

李顺龙从温室效应、CO_2、经济发展以及森林碳汇之间的关系入手，论述了当今社会 CO_2 排放空间的资源性和商品性问题（李顺龙，2006）。其较为系统地研究了森林碳汇及其经济、贸易问题，提出了 CO_2 排放空间资源论，进行了森林固碳形式、森林碳循环研究，提出了森林碳汇经济测算基本思路和方法，并结合我国林业发展战略规划，对我国森林碳汇潜力进行了预测，在此基础上提出面对森林碳汇问题我国林业应该采取的对策。

林德荣研究和设计了森林碳汇服务市场交易的理论构架，并针对森林碳汇服务实现交易的特殊性，对市场要素及其运行机制进行了描述，对森林碳汇服务市场的交易成本和针对中国林情的理想的产权制度模式进行了分析和讨论（林德荣，2005），针对中国参与 CDM 造林、再造林碳汇交易项目所涉及的相关问题进行了规范性分析，并提出建立中国森林碳汇服务资源交易市场的设想。

何英等认为国际森林碳汇交易市场发展迅速，而中国森林碳汇交易市场还处在建立和发展阶段，但中国开展林业碳汇项目具有许多优势，市场潜力大，同时也对促进中国碳汇市场的发展提出了一些建议（何英等，2007）。

郑相宇等提出建立全国性碳排放机构的设想，以提高我国在国际碳排放交易中的地位（郑相宇等，2009）。李新和程会强以新制度经济学交易费用理论为基础，把森林碳汇项目交易成本分为事前交易及事后交易成本，并分析了其成本构成的影响因子（李新和程会强，2009）。

黄平和王雨露运用交易成本理论和议价能力理论，分析了我国 CDM 项目中价格偏低的现象，认为交易成本和供需市场买卖双方的议价能力是影响 CDM 项目中碳汇价格的关键因素（黄平和王雨露，2010）。王修华和赵越分析了我国碳交易定价陷入困境的原因，建议大力发展碳交易的风险评估技术，接触碳交易产品的价格管制，完善碳交易市场的交易机制（王修华和赵越，2010）。

总之，我国关于森林碳汇的研究大部分都属于自然科学领域，而关于森林碳汇经济问题、贸易问题的研究起步晚，研究成果也比较少，这种状况不能适应我国林业碳汇工作的快速发展，不能满足森林碳汇贸易工作的需要。因此必须要花费大量的人力和物力高效率地从社会科学角度出发，定性与定量相结合进行森林碳汇理论研究和实证研究，用以指导我国森林碳汇工作的全面开展。

1.3.3 研究现状总结

通过对国内外研究现状的总结，可以得出如下结论：①森林生态服务市场目前仍处于初级发展阶段，其运行机制还不够完善，且对森林生态服务的提供方和受益方的界定还不明确。②已有的研究结果表明，市场仍然被限制在一个较小的范围内发展，并受到很多因素的影响，目前对市场运作机制的研究工作还很少。尤其是对于森林生态服务价值的计量研究，不解决价值计量问题，就很难说清楚市场发展到什么程度。③对于森林生态服务市场交易定价的问题越来越成为研究的重点，并且相应地产生了一些价格确定理论和方法。但是，目前的研究方法仅仅反映了森林生态资源的近似替代成本，并没有考虑引入市场机制后，市场价格的波动和市场参与主体的行为选择两者之间的相互影响，不能及时反映实际市场价格的变化。因此不是真正意义上的价格。

1.4　森林生态服务市场化与碳交易

1.4.1　森林生态服务商业模式的探讨

森林生态服务，作为一种特殊的商品，根据其交易主体、交易规则、产权制度安排等不同，可以分为以下 4 种模式。

1）政府财政支付模式

政府财政支付，从本质上讲是指以政府为主导的森林生态服务支付形式，国家作为生态服务的购买者，采用一些政策，如财政转移、直接投资或者各种补贴和优惠的税收政策来改善森林生态服务。与这类补偿相类似的项目，一般包括：耕地保护工程、天然林工程和国家森林环境服务补偿基金等。

政府财政支付模式的建立明确了产权，规范了市场运作，降低了市场风险，缩短了交易时间，减少了交易本身的成本，同时，避免了由于森林生态服务所具有的经济外部性造成的搭便车现象。

但是也应当看到此模式带来的弊端，具体反映在：①没有制定科学的补偿标准，补偿成本高；②政府直接投资生产的生态产品品种单一、供给质量低，常常供不应求；③政府提供公共物品，缺乏竞争机制，人们对生态产品的支付意愿不会明显增加。

2）私有化模式

私有化模式是指森林服务受益方与提供方之间的直接交易，即消费者在使用服务时必须支付部分成本费用，其目的在于以付费的形式把价格机制引入到公共服务中来。在该模式下，享受服务的消费者直接向服务提供方购买服务。交易的类型主要包括废物净化、景观美化等。例如，在森林水文服务市场方面。在哥斯达黎加，许多私有的水电公司自愿与 Fondo Nacional de Financiamien to Forestal（FONAFIFO）签署协议，承担流域内森林保护或再造林的部分成本。

该市场化模式可以弥补政府提供公共物品效率低、资金缺乏等问题；运用市场化模式供给森林生态产品，可以充分发挥其效率优势，这对改善生态产品供给的数量和质量，克服供给上的政府失灵，打破政府对生态产品供给的垄断具有现实意义。与此同时，私有化在实践中也遇到了很多技术上和政策上的问题，主要有：①该模式对产权和操作原则要求较高；②从提供主体来看，缺乏对产权关系的明确界定；③私人供给者可能对消费者提供不完全信息。

3）公私合营模式

公私合营（PPP）模式的实质是公私部门之间的优势互补，该模式的具体实施细则是政府或者公共部门首先确定了某项服务的环境标准，然后以政府特许或其他形式中标的私营部门参与基础建设或提供某种物品。类似于这种模式的有美国芝加哥气候交易所（CCX）和澳大利亚新南威尔士州温室气体减排体系。PPP模式的主导思想是公共物品供给的非垄断性。这种模式能够提高政府提供公共物品的技术水平，同时也降低了提供过程中的交易成本，使顾客满意，最终是提高了供给效率。这种模式有效率的主要原因在于在公共物品的供给中引进了竞争机制，取消了垄断。

但是，在PPP模式中，私有部门凭借其专业技术的优势提供公共物品，在这种提供的过程中就容易产生委托代理问题，即委托人的目标与代理人的目标并不总是一致的。私人取得公共物品的经营权后，可能形成某种垄断力量，经营者凭借这种力量可能会提高该公共产品消费的准入价格。

4）PFPP 模式

PFPP（public-forest-private-partner）模式即公共部门–林业企业–私营企业–伙伴关系，是 PPP 模式的进一步发展，是森林生态服务市场化运营的创新模式。与普通的公私合作不同，PFPP 模式中的私营部门不只是公共基础设施的投资者和运营者，同时，还是公共产品的使用者，即在公共事业部门与私营企业之间加入林业企业，私营企业和林业企业合作组建项目公司，负责实施公共基础设施的建设和运营。

在 PFPP 模式的具体应用中，首先，由私营企业提供技术、资金等，林业企业则作为一个实体，有效地渗入到森林生态服务市场化的运营，与私营企业组建项目公司，负责项目的实施，而政府公共部门提供特许经营权，并且进行监督与协调。在这一过程中，私营企业、林业企业除提供资本和管理团队以外，还要分别提供维持基础设施正常运营所需的技术和产品。其次，把公共基础设施正常运营生产的产品用于林业企业的生产活动。公共部门在这一过程中，除授予项目公司公共基础设施特许经营权，还应对公共基础设施的建设和运营进行监管。最后，政府通过授予项目公司的特许经营权，对整个过程进行监督和管理。由此可以看出，在 PFPP 模式中，公共部门与私营部门之间形成了一种相互依靠、相互牵制的关系。

与私有化模式、PPP 模式等相比，PFPP 模式有着自身的优势，即林业企业的产品可应用于公共基础设施的建设和运营，同时，公共基础设施建成投入运营以后，林业企业可以优惠价格使用其生态产品。具体来说，PFPP 模式具有以下三点优势：第一，PFPP 模式通过公共部门和私营部门以"双赢"或"多赢"为理念的合作，有利于项目参与各方的沟通与协调；第二，公私部门的合作贯穿于项目的整个过程，有利于在项目中引进先进技术和经验；第三，林业部门的参与，可以克服 PPP 模式的缺陷。

当然，该模式也还存在一些缺陷，体现在：①对于技术要求较高，需要大量的、持续的技术研发投入；②作为一种新的运营模式，PFPP 模式还处于初步设想阶段，能不能应用于实际中，还有待于通过更多的研究和探讨，从而得到进一步完善。

1.4.2　森林生态服务与碳交易区别与联系

1）区别

（1）概念，涉及概念如下。

森林生态服务：森林生态系统对社会经济系统提供的有明显受益对象、部门或区域的服务类产品，是人类社会直接和现实需求的，可以价值化和市场化的非实物产品，主要包括森林提供的固碳、水文流域保护、维持生物多样性和森林游憩等服务。

碳交易：根据《京都议定书》的有关规定，把市场机制作为解决以 CO_2 为代表的温室气体减排问题的新路径，即把 CO_2 排放权作为一种商品，从而形成了 CO_2 排放权的交易，简称碳交易。

（2）参与主体。森林生态服务的参与主体可以分为需求主体和供给主体两部分。其中，需求主体包括：政府、社区、非政府组织、公司企业等；供给主体包括：农户、国有林场和集体林企业。

碳交易的参与主体一般包括：政府主导碳基金、私人企业、交易所，也包括国际组织（如世界银行）、商业银行和投资银行等金融机构，私募股权投资基金。

（3）交易平台。通过对森林生态服务交易平台建设的研究表明，主要存在两种交易平台，即封闭式交易平台和开放式交易平台。

碳交易平台（碳交易市场），可以分为配额交易市场和自愿交易市场。其中，配额交易市场可以分为两大类，即基于配额的交易和基于项目的交易；自愿交易市场也可以分为两大类，即碳汇标准交易和无碳汇标准交易。

（4）定价机制。对于森林生态服务市场而言，并没有统一的价格补偿标准，而补偿标准的确定，一般要遵照经济适用性与社会公平性相统一的这两个原则，从而确定森林生态服务（产品）的价格。可以按照国际标准，即选择采用影子价值法、工程替代法、买卖双方协商法等多种方式，当然，所有的这些方式都并不一定准确反映森林生态服务的价值。

从经济学的角度看，碳交易遵循了科斯定理，即以 CO_2 为代表的温室气体需要治理，而治理温室气体则会给企业造成成本差异。碳交易本质上是一种金融活动：一方面金融资本直接或间接投资于创造碳资产的项目与企业；另一方面来自不同项目和企业产生的减排量进入碳金融市场进行交易，被开发成标准的金融工具。因此碳交易的价格由市场所决定。

2）联系

从内容上看，森林生态服务包括涵养水源（调节水量、净化水质）、保育土壤（固土、保肥）、碳汇服务（森林碳汇、湿地碳汇）、改善空气质量（森林释放氧气、释放负氧离子、释放萜烯类物质、减少空气污染物）、维持生物多样性、提供景观游憩服务。而碳交易是为促进全球温室气体减排，减少全球 CO_2 排放所采用的市场机制。因此，可以说碳交易是森林生态服务的一部分。良好的碳交易可以减少温室气体的排放，缓解气候压力，对森林生态服务起到积极的促进作用，同时，森林生态服务的好坏，也会对碳交易产生影响。二者是相辅相成，相互促进的关系。

2

森林生态服务市场及碳汇市场理论研究概述

2.1 森林生态服务效用

自古以来，人们在享用大自然生态馈赠的同时却从来没有为之支付过任何费用。在 20 世纪中后期之前，这种现象一直存在并持续着，但是直到人口急剧增长、生态环境遭到严重破坏、资源极度短缺时，人类才开始醒悟，认识到森林的生态效用并不是"免费的午餐"，且也有枯竭的时候，应该从一定的角度、运用一定的方法对其价值进行测算，并有效地利用市场让这种价值得以实现。

众所周知的生态学家奥德姆在其 1953 年写的《基础生态学》一书中对生态系统功能做了阐述，他指出，森林生态系统所提供的服务是基于生态保育、环境保护、环境产品和服务等方面的理论生态学和系统理论上的功能表现。然而，到目前为止，在学术界并没有接受一个统一的、标准的说法。20 世纪 60 年代，生态系统服务这个概念被 King 和 Helliwell 首次使用，1970 年，在其发表的文章中再一次运用了服务这种表达手法并阐述了自然生态系统，如害虫防治、昆虫授粉以及气候调节和物质循环等的"生态服务功能"。1974 年，Holdren 和 Ehrlich 将其进行了拓展，称为"全球生态服务功能"，并将生态系统对土壤肥力和基因库的维护功能加入了生态服务功能的清单。1977 年，Ehrlich 等又提出了全球生态系统公共服务功能的概念，之后，Westman 的研究又将该概念进一步演化为"自然服务功能"的概念，直到 1983 年，Ehrlich 将这个概念确定为"生态系统服务"。1997 年，Daily 主要针对森林生态系统和森林生态过程这两方面研究，他认为森林生态系统服务功能中包含的价值效用和相应的实践作用。2002 年，DeGroot 认为，森林生态系统主要包括 4 个功能，分别为生产功能、调节功能、信息功能和栖息地功能。它的主要价值为有效控制水土流失、对空气进行净化、保持土壤的养分、保护产品的多样性、旅游休闲和增加就业机会等。

从一定程度上可以说，森林生态服务的概念大部分沿用了以上这些概念的表达方式，这些概念体现了森林的生态功能在人类生产生活中的有用性。森林的生态功能是一种并不会依赖人类的存在而存在的自然属性，反映的是森林生态系统的一个变化进程，该过程的参与者有生态系统自身、物质循环和能量流动以及信息传递等。在这个动态过程中，体现了生态系统本身存在性，此外，在该功能受到人类干扰时它会产生一定的胁迫反应。而森林生态服务则是另外一种表达方式，它从经济学的角度对森林生态系统的功能进行了阐述，即在一定条件下，森林生态系统给人类提供的商品和服务，是对林生态功能的经济意义的一种直接体现（Robinson，2011）。森林生态系统的各种形式是以森林生态系统的功能为基础进行活动。

我国森林生态交易补偿制度随着时间的推移在不断地完善，业内的人士针对森林生态交易补偿制度的理论做了一些实际的探索，在高效生态农业和生态文明建设的同时，我们也开始专注于森林生态效益补偿制度建设这一问题上。专家首先依据中国的具体国情，其次借鉴西方森林生态交易补偿制度的有利经验，在市场经济环境下，森林生态补偿制度必然需要公共财政事务的支持。与此同时，着重强调了市场在资源配置中起着基础性的作用，再一次重申了政府和市场之间的关系等问题。2002 年，温作民从研究角度出发，指出我国森林生态交易补偿制度的相关研究处于萌芽阶段，大部分人集中研究了其性质、作用等。2005 年，张鸿铭认为，各派学者对森林生态交易补偿制度的含义、特征和职能等的理解是各不相同的。

自 20 世纪 80 年代开始，部分学者系统地研究了全国及各地的森林生态系统服务功能。相关的研究成果与内容为进一步的研究工作奠定了坚实的基础。在思想上和行动上给予相应的指导。关于森林生态服务的称呼，有的学者把其称为森林生态系统服务，有的称之为森林生态系统服务功能，不管其称呼有多大的区别，其大体的含义是相同的。2003 年，马定国认为，森林生态系统服务功能是由自然生态系统及其相关的物种所能够提供的，它的作用是支持人类社会的可持续发展，并且作为自然和社会相结合的过程，这一过程主要包括自然资本的物质流、能量流和信息流，它们与人工和人力资本相互促进，可以给人类带来一定的收益。生态系统服务的研究主要是对生态学和生态经济学方向进行交叉研究，在国内和国外，生态经济学家和相应的生态学家对其有不同的描述和表达。其中有两种典型的观点，一种主要强调了森林生态系统和森林生态系统服务的一般规律，指出是一个物种的自然生态系统和各自的维持人类生存的基本条件和自然过程的自然属性；另外一种强调了生态系统注重以人为本，其从事的服务证实了人们直接或间接从生态系统带来的收益。

学术界对森林生态系统服务功能的研究是一个由浅入深的过程，对于森林生态系统的经济功能、生态功能、社会功能和文化功能也逐渐有了更为深刻而全面的认识。国内学者借鉴了发达国家的研究成果与先进方法来探索森林生态系统服务的相关功能，要结合我国的具体国情，来对森林生态系统的服务功能进行研究。

森林生态服务这个概念的提出以及使用，强调了森林生态服务的价值性。事实上，任何一种服务都是有价值的，由于提供服务的人付出了劳动，并且为服务设施的提供垫付了资金，也就是说，服务过程就是使付出的劳动和前期垫付的资金在市场上实现其价值增值的过程（Jones，2013）。森林生态服务也不例外，在其生产过程中会造成人类劳动的消耗，这就明显表示与其他服务同样的情况，该服务也需要在价值方面对其进行补偿，在实现不了对价值的转化和回收的情况下只是一味地投入，那么这种服务终究无法实现其自身的再生产，继而林业的可持续发展在经济上就无从获得保障。鉴于此，生态服务市场机制的建立很有必要，这能够使森林生态服务的价值在市场机制中更好地得以实现。

2.2 森林生态服务的经济学特性

2.2.1 稀缺性

相对于人类在需求上的无限欲望而言，能够满足这种需求的资源是非常有限的，这就是所谓的稀缺性。迄今为止，瓦尔拉（Walras）给社会财富所下的定义已经被人们广泛接受，他认为，"所谓的社会财富，指的是所有物质的或非物质的稀缺的东西，也就是说，它一方面对我们有用；另一方面它可以供给我们使用，但是它的数量却是有限的"（约翰·伊特韦尔等，1992）。由此可见，有用性和数量有限性是稀缺概念的两个最重要的因素。从本质上来说，经济学所研究的内容就是怎样让稀缺的资源实现有效利用和配置，也就是一门关于稀缺性的学科，因此，稀缺性是经济学研究的必要条件。怎样判断物品是否稀缺呢？张五常指出，只要人们愿意付出一定的代价去取得的物品，都是稀缺的，那么这种物品就是经济物品（张五常，2001）。如果某种物品是稀缺的，人们为了获取它就会愿意付出一定的代价，但是有这样一种现象存在，就是任何人都有可能掩饰其为取得某种物品而为之付出代价的意愿，公共物品尤为严重。所以，经济学中所涉及的稀缺性是针对理性的消费者而言，对整个社会来说可能并不存在稀缺性。

在农业时代以前，人类可以自由获取大气的资源，由于人们意识淡薄，意识不到大气资源数量的稀缺性和有限性。在工业革命时期，由于人们在自然界中的活动增多，工厂排放了大量的废气，这些行为都增加了大气中的温室气体含量，最终导致了温室效应的产生。随着温室效应在全球的蔓延，人们开始意识到，大气资源是一种稀缺的资源，需要珍惜使用，其中可以降低空气中 CO_2 浓度的森林碳汇，开始受到人类的重视，随之其特性表现为"有用"并且"数量上是有限的"，人们愿意付出某种代价来实现减排效果时，稀缺这一概念便应运而生。

对森林生态服务来说，稀缺性是它的一种经济学属性，但不是该服务自身所固有的。在人类经济、社会还远没有现在发达的过去，虽然人们的生存活动对生态环境也会产生一定的影响，但在当时这些影响都是在环境自身所能够承受的范围之内，所以，森林带来的生态服务功能就像太阳光一样，虽然没有稀缺性但仍然是有效用的（Snelde and Lasco，2010）。但是，人类社会的高速发展使得人们对森林资源的攫取大大增加，其速度早已超过了森林自身的恢复速度，因此导致森林资源的骤减。在人类初期，全球的森林面积曾一度达到土地总面积的 2/3，有 76 亿 hm^2，森林面积在 1862 年已经减少到了 55 亿 hm^2。在这之后，联合国粮食及农业组织发布的统计数据表明了森林资源的下降趋势。森林被破坏的趋势在 20 世纪 50 年代以来越来越严重，根据 1975 年的统计资料，当时全球森林覆盖面积只有 26 亿 hm^2。1980～1990 年，全球森林每年消失的面积达到 995 万 hm^2。而在所有的森林类型中，热带森林所遭受的破坏尤其严重，资料显示，在近 30 年的时间里，热带雨林覆盖面积已减少至原来的 40%。在已经过去的 50 多年中，即使是在温带森林总面积稍有增加的情况下，总体上的森林质量仍然表现出退化的趋势，原始森林大面积地消失，取而代之的是人工林，因此，森林的生态功能和维护生物多样性的效率就大大降低了。由于森林资源具有取得容易、用途广泛和消费经济的性质，人类在追求社会的生存与发展、繁荣和文明以及和谐的过程中，不断地向地球索取森林资源。由此可得出结论：森林面积的减少和质量的退化导致人类对生态服务的需求不断增长，这就使得森林生态服务变得非常稀缺，并且这种稀缺性将会长期存在于全球范围内。

2.2.2 公共产品

相对于私人产品（private goods）而言，公共产品指的是这样一种物品，不管个人是否愿意购买，它都可以使社会上的任何成员获利（Bauhus，2010）。相反，私人产品是指这样的一种物品，它既可以在被分割的情况下分别提供给不同的人，又不会对另外其他的人带来外在成本或外在利润。纯公共产品在消费上具有非竞争性和非排他性。所谓非竞争性就是对于某种产出水平已定的公共产品，增加一个消费者并不会增加该种公共产品的成本，也就是说由于消费者人数的增加而带来的产品的边际成本为零。所谓非排他性就是只要是社会上有的公共产品，就没办法排斥任何人消费该种产品。也就是说任意某个消费者对该公共产品的消费都是免费的。非竞争性是公共产品的技术特质，但是非排他性会受到交易制度的影响。故在公共产品交易时，如果人为地用一定合约和制度的手段使该产品的消费不具有非排他性，那么就可能不会产生所谓的外部效应（Halme and Allen，2013）。在制度与技术成熟的条件下，这些性质也会转变为竞争性和排他性，进而显现出私人物品的特征。

非竞争性和非排他性在森林生态服务中得到了较为明显的体现。首先，森林生态服务在产品形态上表现为无形，故在消费上不具有排他性。只要森林形成了，其固碳释氧、保持水土以及生物多样性保护等多种功能就能自然而然地得到发挥。该种服务的不能储藏和不能分割性以及异地消费性，导致生产者想要对其做出控制是困难的，进而也就不能阻止受益者在未支付费用时就享用这种生态服务，举个简单的例子来说，就是上游的森林经营方没办法阻止下游用户对森林水文这种服务的享用。此外，由于森林生态服务在消费上不具有竞争性，这样一来，任一人对该生态服务的享用对其他任何人都不会带来影响。例如，森林可以提供对饮用水的清洁功能，人数的增加或减少对该功能不产生任何影响。森林生态服务具有公共产品属性，这一特征恰使生态服务的受益者在不用支付任何代价的情况下就能获得消费权力，因此"搭便车"的现象便出现了。但是，森林生态服务的提供方自始至终都没有得到关于生产成本的补偿，最终造成了长期供给激励的缺乏。

森林碳汇功能，不仅有效减缓了全球气候变暖的过程，而且可以有效减少大气中 CO_2 的浓度，这不但给当代人带来益处，也有利于子孙后代的发展。所有的社会成员能够相互独立于对方享受这项福利，不存在竞争的关系，并且森林碳汇提供者不会因为消费者的数量增加或减少而使其产生额外的费用，这称为碳汇的非竞争性。森林碳汇有明确的产权，其在理论上属于特定的主体，但是作为森林碳汇的产权人并没有任何方法或手段来限制个体享受森林碳汇提供服务所产生相应的生态效益，由此我们可以认为森林碳汇所提供的服务特点之一是全社会共同受益；反之，任何个体都不能以任何理由来拒绝享受这种成果。简言之，森林碳汇具有受益的非排他性，消费个体与森林碳汇之间不存在获益的选择性。因此，森林碳汇是一种全球性特征的公共产品。碳汇的公共物品的属性决定了碳汇自身的资源配置需要通过特殊途径来引导需求的开发市场。

2.2.3　外部性

1890 年出版的《经济学原理》中，外部性的概念首次被马歇尔提出，20 世纪 30 年代，在庇古创立的旧福利经济学中得到正式的运用，而现如今已经成为环境与资源经济学的理论基础。所谓外部性是指某个经济主体的行为对另外一个经济主体的利益会带来一定的影响，但是这种影响在市场价格方面并没有得到任何反映。外部性不为零就表示私人和社会边际净收益之间的差值不为零，进而导致效率低下的资源配置，最终也就无法达到帕累托最优。布坎南通过函数的概念对外部性下了定义，即只要在某一厂商的生产函数或某一个人的效用函数中，其包含的变量是在另一个厂商或个人的控制之下，那么我们就认为存在外部效应。外部性必然导致供给在社会成本和私人成本中有差别，或在社会收益和私人收益中有差别，这是其最核心的内容。因为外部性带来效果的不同，因此就导致了正外部性与负外部性的出现。这两种外部性分别用来描述外界从外部性中获益或是受损（汤姆·泰坦伯格，2003）。如果外部性只出现在一个消费者的效用函数或一个厂商的生产函数中，我们认为它属于私人性；如果外部性的范围涉及多个消费者或多个生产者，则认为它属于公共性。对于私人的外部性，当事人之间通常比较容易达成合作协议，但对于公共外部性，需要所有受影响的当事人参与合作，通过私人谈判进行纠正，但是谈判不容易成功。

正外部性在森林生态服务中得到了较好的体现，并且该外部性属于公共外部性，也就是说，在森林能够提供的各种生态服务功能中，只有极其微小的一部分被生产者自身享用到，绝大部分被生态服务的非生产者所享用，下游和整个流域乃至整个国家的消费者都属于这些非生产者，尽管如此，绝大部分受益者并没有为其所享受到的服务支付费用。图 2-1 描述了在外部性存在的情况下森林资源的均衡状况，森林生态服务外部边际收益（EMB）不为零使得森林经营者私人边际净收益（PMB）的值与社会边际净收益（SMB）的值差距甚大；同时，服务提供方自己承担了关于森林培育和管护的所有成本以及本该由社会来承担的全部成本，原因就是森林生态服务市场的缺乏导致无法通过市场来实现生态服务的价值。外部性不为零，使得市场主体在追求其自身利益最大化时必然不愿意按社会需要的数量进行生产〔由社会边际收益（SMB）与社会边际成本（SMC）所决

定的均衡产量 Q_2]，而只是按自己的需要［由私人边际收益（PMB）与私人边际成本（PMC）决定的均衡产 Q_1]来生产，因此导致森林生态服务的社会供给不足，进而森林生态资源的有效配置将无法实现。

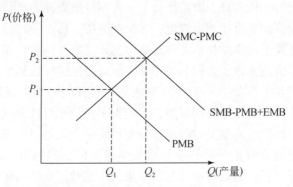

图 2-1　存在外部性的森林资源供需均衡状况

森林资源拥有者或经营者在实际生产中，不管其选择是否提供生态服务，只要他们从事了森林保护和相关的管理活动，树木将自动吸收 CO_2，与此同时，森林碳汇功能就会顺其自然的发挥作用。由于缺乏政府的干预且相关产权界定模糊，森林资源拥有者并不能获得相应的收益，在价格中效益没有得以充分反映。并且森林碳汇可以减缓全球气候变暖的进程，可以让全人类受益，所以它属于一种典型的公共外部性经济。但是从技术角度来讲，森林碳汇的正外部性难以通过货币计量其经济价值，导致在交换过程中的"市场失灵"，使得资金循环链在林业碳汇生产中破裂，影响到整个林业碳汇的生产成本补偿问题。

2.3　森林生态服务市场的理论依据

2.3.1　森林生态服务价值理论

按照西方经济学中效用价值理论的观点：所有物品或服务的价值都来源于它自身的效用，没有用的物品也就没有价值而言；物品的效用就是用来满足人们的欲望和需求，只有能够达到这一点的物品才会成为有用的东西，也才会有价值可言；交换物品的当事人对物品效用的估价决定了物品价值的大小，该价值是由物品的效用和稀缺性所决定的，并会随着时空的变化而改变。作为一种自然产品的生态服务，它所表现出的生态服务价值的大小由效用和资源的稀缺性来决定，同时取决于受益对象对其效用的估价。

我们知道，森林生态服务价值包括使用价值和非使用价值两种（侯元兆和吴水荣，2005）。其中的使用价值包括两种，即直接使用价值与间接使用价值，同样的，非使用价值包括三种，即选择价值、存在价值以及遗产价值。森林生态服务直接带来的价值就是直接使用价值，如景观游憩。然而，间接使用价值表示的是目前还较难将其进行商品化的那些森林生态系统服务功能，如生物多样性的维持。首先，选择价值体现了人们为了在未来可以直接或间接地享用森林生态服务而自愿支付的费用。例如，人们在对房产进行选择时，如果建筑和装修标准相同，那么，即使需要支付较多的费用，人们大多还是愿意这么做以便得到环境优美和空气新鲜的地段，而多支付的那部分费用实际上就是对生态环境选择价值的支付。其次，存在价值是一种介于经济和生态价值之间的具有过渡性意义的价值，代表了为了保证森林资源以及其所带来的生态效用仍然会继续存在，人们自愿支付的费用，如一些具有纪念价值和意义的森林。最后，遗产价值也是人们自愿支付的费用，支付的目的是能够把森林资源及其带来的生态效用留给子孙后代或是其他人。

从效用的角度来讲，森林的价值具有多样性，并且这些多种多样的价值能够满足人们的许多需求，也就是说，森林的基本经济属性能够使得它进行市场化调节。然而，由于这种商品极为特殊的公共产品属性，也就导致森林生态服务市场化的过程也将会是繁复的，另外还需要政府的引导和参与。在此需要说明的是，当前国内外对森林生态服务市场化理论的研究现状显示，森林间接使用价值如何市场化是当前人们关注较多的问题。

2.3.2 科斯理论

由外部性的概念和性质可以看出，它是阻碍森林生态服务市场化发展的根本原因。庇古最早提出了针对公共产品的外部性的解决方法。他在1920年的《福利经济学》中深入地研究了外部性问题，庇古认为：存在外部性产品的生产将会导致私人边际成本和社会边际成本之间的差异，其差额就是外部成本，也就是负外部性；而如果具有外部性产品的生产会导致私人边际收益与社会边际收益之间的差异，那么其差额就是外部收益，也就是正外部性。对于负外部性政府应该处以罚款（征税），而对于正外部性则应该给予补贴，以弥补私人边际成本与社会边际成本的差异，从而使得资源配置达到帕累托最优。1960年，庇古的方法遭到了科斯的质疑，科斯认为庇古这种方法的一个重要前提条件就是政府能够收集到完全的信息来掌握外部收益或成本，但实际上，获取完全信息这件事对政府来说也是非常有难度的。

1974 年，科斯的经典著作《经济学中的灯塔》就通过市场这个途径能够解决正外部性进行了论证。如果灯塔这种公共产品的提供由私人来完成，则会带来较大的正外部效应，因而灯塔的提供通常被认为必须要由政府来完成。而科斯对英国的灯塔制度进行了考察和分析，他注意到英国的灯塔的提供从 17 世纪初起，就一直由私人来完成，而且其供给十分充足。其具体过程为：首先私人在国王那里得到了修建灯塔的专有权利，又因为港口具有非常强的排他性，所以港口代理商就可以通过港口向来往船只收费，而这个过程中，政府的作用仅限于合理安排灯塔的产权。经过进一步的研究分析，科斯认为，产权界定的不明确和资源主体权利和义务的不对称是造成外部性的根本原因，因此，他提出了科斯第一定理，即在产权界定清晰并且交易成本为零的情况下，无论产权最初是怎样界定的，资源的配置效率都会在市场交易下达到最高，也即外部性是能够通过市场交易进行消除的。在此基础上，他又提出了科斯第二定理，即在交易成本存在、为正并且较小的情况下，资源的配置效率的提高可以通过合理分配初始产权来实现，以达到外部效应内部化的目的，所以没有必要抛弃市场机制。在产权分析方法方面，科斯的理论为运用市场机制来解决外部性的问题提供了有力的理论基础。

如果把森林生态服务这种产品当作整个林业行业发展的一个重要因素，那么森林生态服务的市场化就会呈现出一个令人深思的前景，即森林生态服务的市场化会成为林业建设投融资改革的一个重要突破口，同时为林业行业自身的发展以及生态资源的保护和谐发展开辟了一条新途径。在做好森林生态服务产权界定工作的前提下，通过采取森林生态服务需求方向提供方进行有效支付的方式，来解决社会边际收益和边际成本内部化的问题，最终实现生态环境的优化和保护，这也就是构成森林生态服务市场的基础。

2.3.3 市场与政府：森林生态资源配置方式之争

数年来，在市场和政府这两种资源配置方式中哪一种更为有效的问题在经济学界中一直在被探讨。科斯的产权理论实际上表现出了对政府行为的否定以及对市场机制的推崇，这正好为市场机制在公共产品资源配置方面的运用奠定了理论基础。但由于许多公共产品自身所具有较难分割和较难计量的特征，这就在无形中加大了产权界定的成本，甚至有一些在经济或技术上都是行不通的，这就表明了科斯理论在解决公共产品外部性的问题上并非绝佳途径。恰恰因为这些，关于公共产品资源配置的方式是市场还是政府的问题的争论一直都没有停止过。

从经济自由主义者的角度来讲，市场机制无疑是绝对有效的，并且能够在实现资源的最优配置上发挥作用，故不能忽视市场机制的作用；但是从国家干预主义者的角度来看，由于市场失灵的存在，政府代表的又是公共利益，所以，政府一定会努力确保社会福利的最大化，故应充分发挥政府的作用，便于达到弥补市场缺陷和不足的目的。然而事实上，市场机制与政府手段并非完全对立：市场经济体制下的政府首要职能就是对市场环境进行优化，以确保市场经济均衡且稳定地运行。同时，市场机制中的货币、信贷以及财政和税收等机制都是依靠政府的调控才能实现的（王毅武，2005）。理论研究的持续加深使得更多的经济学家倾向于另外一种观点：即在资源配置方面，由于政府和市场是两种不同的机制和方式，如若只研究其中的一种而不顾另一种，就会存在缺陷。当前研究的重点并不是在经济发展中应选择政府还是市场的问题，而应该是考虑用哪一种机制作为资源配置的主要手段。

森林生态服务和其他公共产品一样，在资源配置方式上也存在着这样的争论。本研究的观点如下：由于森林生态服务功能表现出了相当明显的公共品属性，因此，在一些涉及社会公共安全的区域，以及在一些涉及整个人类利益的领域，应该承担起直接提供公共物品责任的理应是政府。同时，在任何市场机制可以发挥作用的领域，如森林碳汇服务，政府都应该将生态服务提供的补充机制确定为市场机制。但是如果政府国力不够富足而且提供效率不足以及国家财政紧张时，森林生态服务的建设有效而巧妙地运用市场机制将具有非常重要的现实意义。而如何主导森林生态服务市场化的构建将是政府的主要职责，同时也要为其提供必要的良好运行环境。

2.3.4 运行机制理论

机制一词最早出现于机械学中，本来用于阐述机器的构造和工作原理，但之后被生物学家和医学家用到生物有机体内部结构和功能以及相互关系的表达方面。在社会经济的高速发展的情况下，人们就容易发现社会经济活动自身也如同一个有机体，有机体系统内的各组成要素之间相互激励、相互制约和均衡，以便促使系统中各要素能够按照既定目标有序、有机并有效地运行，于是，这个概念就被经济学家借用来阐述在经济运行系统中，它的各组成要素之间是如何进行相互作用和相互制约的。自然地，运行机制理论也就正式进入了经济理论界，并成为经济系统分析中的一个重要分析工具。市场运行机制又名市场调节机制，指的是包括主客体、中介以及交易、价格和供求、信息以及风险等的市场各构成要素相互联系与制约，继而形成特定的资源配置条件、功能以及方式（王则柯和李杰，2004）。每一个市场的效率都会有所不同，并且市场效率的高低往往取决于市场价格、供求和风险等多个市场因素的相互作用、相互制约以及相互协调。本书所研究的运行机制主要包括交易机制、价格机制、供求机制和风险防范机制。

在森林生态服务市场上，供求发挥着连接的作用，因而供求的变动决定了供求双方的市场行为。交易机制是森林生态服务交易的基础，贯穿于森林生态服务的组织和执行过程，具体表现为采用何种方式组织交易主体参与市场交易。价格机制是作为反馈机制而存在的，在市场中发挥着反馈信息的职能，同时它还对森林生态服务的供给者和需求者的决策以及对森林生态资源的配置起着至关重要的作用，价格机制主要涉及森林生态服务价格如何形成。价格机制是市场经济下的特有机制，引入价格机制是森林生态服务交易市场化的标志，是市场重要的引导机制。风险机制在森林生态服务市场活动与盈利、亏损以及破产之间起到了相互联系的作用，它将盈利的诱导力与破产的压力作用在企业中，从而达到刺激企业注重经营管理和技术的改进以及增强企业活力的目的。森林生态服务市场在这几种市场机制的交互作用下达到市场均衡，在这种均衡条件下，资源能够得到充分的利用，配置效率也会极大地提高。简单地说，森林生态服务市场的运行机制是在服务的交易双方为谋求经济效益最大化而进行价格战的基础上，全面而充分地考虑各种风险因素，运用供需量和价格调节森林生态服务的供需状况，实现森林生态资源最优配置的机制。

2.3.5 植入生态环境要素的增长理念与区域可持续发展

区域系统发展的实质就是综合支撑系统与综合消耗水平相互作用、相互胁迫，由低级粗放式发展向高级协调共生发展的螺旋式上升的过程。新中国成立以来，多数区域系统为追求单纯产值目标而沿袭粗放式的发展模式，造成区域经济、生态、社会子系统均出现不同程度的退化和高度脆弱性，从系统的角度全面理解"经济增长—环境容量"之间的关系，合理地协调两者间的互动作用过程，是适应低碳经济时代、促进区域系统经济增长方式转型升级的重要内容。党的十七大报告提出：建设生态文明，基本形成节约能源资源和保护生态环境的产业结构、增长方式、消费模式。打造高质量集约增长模式，以提高资源利用效率为核心，追求更少的资源消耗、更低的环境污染，获得最大的经济效益。

近年来，经济增长的环境效应引起了广泛关注，具有代表性的是 Grossman

和 Krueger（1991）把西蒙·库兹涅茨的"倒 U 形假说"引入环境污染和经济增长关系的研究，用曲线表示呈倒 U 形的环境库兹涅茨曲线（environmental Kuznetscurve，EKC）。随后，Shafik 等众多学者用 EKC 对不同国家经济增长和环境质量关系进行对比分析，验证了环境库兹涅茨曲线。目前，我国关于 EKC 的分析和研究已经展开，结果表明，我国的 EKC 曲线转折点尚未达到，牺牲环境容量的粗放式经济增长模式，致使我国 EKC 曲线的形状甚至呈现出单调递增的三次曲线，部分区域系统的 EKC 曲线是向后弯曲的；以生态理论为指导思想，融经济增长与环境保护于一体的新型增长模式，符合"十七大"生态文明建设的发展战略，有利于打造适应低碳经济的集约式经济增长，促进 EKC 曲线快速突破拐点，是实现经济增长—环境容量协调可持续发展目标的实践路径。

西方发达国家的经济发展实践表明，环境管制从长期角度来看，促进了生产效率的提高，激励了技术创新，对长期经济增长产生显著的正向效应。Romer（1986）提出内生增长理论，强调知识资本、人力资本的积累将会给社会整体带来效应，可以称之为技术进步所带来的"辐射效果"。Romer 模型假设经济中有四种基本投入：资本（K）、劳动（L）、人力资本（H）和知识资本（A），本书在尹静和贺俊对 Romer 模型进行改进的研究成果基础上，将污染强度引入生产函数，用参数 $z \in [-\infty, +\infty]$ 表示污染系数，衡量增长方式的污染程度。当 $z \geq 1$ 时，表示生态环境成为促进经济增长的动力要素，呈现了经济增长的放大效应；当 $z < 1$ 时，产出低于潜在产出甚至呈现负增长，其总量生产函数表述为

$$Y_t = A_t^{\alpha+\beta} H_t^\alpha L_t^\beta K_t^\gamma z_t; \qquad \alpha + \beta + \gamma = 1; \qquad \alpha, \beta, \gamma > 0 \qquad (2\text{-}1)$$

式中，Y_t 表示第 t 期内生产总量；α，β，γ 均为常量。

环境质量的变化受到两种因素影响：一是污染排放造成的环境水平下降；二是环境自我修复能力（由 C_t 引发）和人为修复能力（由 z_t 引发）；两种因素综合影响的结果决定当期环境水平高低，C_t 表示环境水平 $E_{(t-1)}$ 在当期（第 t 期内）的环境自我修复能力系数，当期环境水平方程为

$$E_t = E_{t-1} \times z_t + E_{t-1} \times C_t \qquad (2\text{-}2)$$

植入生态环境要素的增长模型进一步丰富了内生经济增长理论，将式（2-1）和式（2-2）联立分析，可以提出当期经济增长水平（ΔY）和由 ΔY 引致的环境影响程度 ΔE（用价值量单位表示）之间有如式（2-3）所示的关联关系，其中 $\theta = z_t + C_t = f(A, H, L, K, P) + C_t$（$P$ 为促进生态环境改善的经济政策和法律法规的影响效应），不同时序、不同地区经济增长 ΔY 与环境影响 ΔE 之间的关联函数 θ 具有差异，形成 ΔY 和 ΔE 之间的组合关系，即图 2-2 中的散点；不同散点与原点（即 0 点）形成夹角 α，该夹角的正切函数值由经济增长 ΔY 与环境影

ΔE 之间的关联函数 θ 决定。综上所述，无论是区域系统的短期经济增长还是长期最优增长，均需要将生态环境和技术进步等要素内生化。

$$\Delta E = E_t - E_{t-1} = \Delta Y \times \theta = (Y_t - Y_{t-1}) \\ \times \left[f(A_t,\ H_t,\ L_t,\ K_t,\ P_t) + C_t \right] \tag{2-3}$$

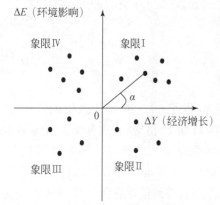

象限 I：$\Delta E > 0$，$\Delta Y > 0$，经济增长与环境影响为同向正增长关系

象限 II：$\Delta E < 0$，$\Delta Y > 0$，经济增长为正向增长，环境影响为负向增长

象限 III：$\Delta E < 0$，$\Delta Y < 0$，经济增长与环境影响为同向负增长关系

象限 IV：$\Delta E > 0$，$\Delta Y < 0$，经济增长为负向增长，环境影响为正向增长

图 2-2　经济增长与环境影响之间的互动分析示意图

注：图中的散点表示不同区域系统 ΔY 与 ΔE 的组合关系，α 表示该种组合关系在图示坐标轴中的斜率，但并非实际的因果线性关系；事实上，ΔY 与 ΔE 均受到复杂的多维因素影响，这部分内容并非本书的研究重点。

2.3.6　循环经济理论

循环经济思想的萌芽可以追溯到20世纪60年代环境保护的兴起。"循环经济"的概念，是美国经济学家波尔丁首先提出的，主要指在由人、自然资源以及科学技术组成的大经济系统内，在从资源投入到企业生产，再到产品消费和废弃全过程中，将传统的资源消耗型的线性经济增长方式转变成新型的依靠生态资源的循环利用来发展的方式。也就是说，循环经济遵循自然生态系统中物质循环和能量流动的规律，重新构建一个能够使经济活动与自然生态系统中的物质循环过程相协调的经济系统，形成一种新的经济形态。从本质上说，循环经济是一种生态经济，它要求人类社会经济活动的运行要遵循生态学规律。循环经济是在可持续发展理念的指导下，采用清洁生产的方式，对能源及废弃物进行综合利用的生产活动过程。循环经济的根本目的，是要求在经济运行过程中尽可能减少资源投入，避免和减少废物产生，并对废弃物进行再生循环利用，减少最终废物处理量。循环经济所倡导的是一种与环境相协调的经济发展模式。它要求把经济活动按照以"低开采、高利用、低排放"为特点的"资源—产品—再生资源"的反馈式流程运行，使所有物质和能源能够保持在这个不断运行的经济循环中得到合理的可持续利用，使整个经济运行的系统中以及生产和消费的过程中基本上没有或只有很少量废物产生，最大限度地提高资源环境配置效率，把经济活动对自然环境的影响减小到尽可能低的水平，从而解决经济发展与环境的冲突，实现社会经济的可持续发展。

2.3.7　绿色经济理论

"绿色经济"的早期思想萌芽可以追溯到20世纪60~70年代发生的针对全球粮食安全的"绿色革命"。1989年，英国环境经济学家皮尔斯（Pearce，1989）在《绿色经济蓝图》中明确提出了"绿色经济"的概念。随着经济社会的发展和人们认识的不断深化，当前围绕"绿色"在经济中的作用和地位，"绿色增长"、"绿色经济"、"绿色发展"几个概念逐渐得到世界各国的认可和推崇。

绿色增长是经济合作与发展组织（OECD）在2010年9月的《绿色增长战略》报告中提出的，报告指出："绿色增长是在防止代价昂贵的环境破坏、气候变化、生物多样化丧失和以不可持续的方式使用自然资源的同时，追求经济增长和发展。"绿色经济是联合国环境规划署（UNEP）提出的，在《迈向绿色经济：通向可持续发展和消除贫困的各种途径》一书中将绿色经济定义为："可促成提高人类福祉和社会公平，同时显著降低环境风险与生态稀缺的经济。"绿色发展是以胡鞍钢教授为主的专家学者根据发展中国家的国情提出的，在《中国：创新绿色发展》一书中认为：绿色发展是通过合理消费、低消耗、低排放、生态资本不断增加为主要特征，以绿色创新为基本途径，以积累真实财富（扣除自然资产损失之后）和增加人类净福利为根本目的的新型经济社会发展方式，是能够实现社会、经济、自然三大系统的整体协调的发展。

绿色经济带动绿色投资并促进林业绿色转型。绿色经济所倡导的诸多理念都为林业发展提供了独特的发展机会和良好的发展途径。在消除贫困和饥饿、水资源缺乏、就业需求、可再生能源、资源效率和低碳经济、气候变化和生物多样性损失等方面，林业大有作为。根据千年研究所绿色经济报告：2011~2015年，绿色投资前景看好，即将全球国内生产总值（GDP）的0.034%用于再造林和相关激励措施，即可避免毁林，保护森林，促进绿色增长。而且在包括像林业等一些重要的部门投资，会比常规模式提供更多的就业机会，从而在生态系统服务得到保护的同时，提高农村贫困地区的家庭收入，改善农民的生活质量；我国林业在实施绿色新政的过程中重视绿色投资，为应对当前全球金融危机发挥了不可低估的作用。经专家初步估计，已有林业投资的投资回报率达到了数倍甚至数十倍，而且投资本身还可以扩大内需和增加就业，刺激生产和消费，并增加林业在应对气候变化等方面的能力，促使环境节约型、资源友好型的绿色经济再上新台阶。

2.3.8　博弈理论

2.3.8.1　博弈论的概念、组成要素及分类

1）博弈论的概念

博弈是参与主体在一定的环境条件和规则范围内，经过多次对抗和策略选择，从各自能够选择的行为或决策中进行选择并加以执行，并最终取得最优结果的过程（张嘉宾，1982）。传统微观经济学认为任何参与主体进行决策时不会考虑自己的选择对别人选择的影响，也不会考虑别人选择对自己选择的影响。而博弈论研究的是相互影响的参与主体的理性决策行为及这些行为所达到的均衡结果，博弈论又被称作为"对策论"。博弈的结果取决于所有参与主体的行为选择及行动。博弈论中一般假设参与决策的所有参与主体都是理性的，即每个参与主体为追求经济效益的最大化，都会进行理性的逻辑思维与决策。

2）博弈的组成要素

博弈的组成要素包括参与主体、选择、信息、策略、效用、结果和均衡。其中，参与主体、选择和结果的组合构成了博弈规则，运用博弈论进行分析的目标是使用博弈规则实现均衡。一个博弈一般由三个基本要素构成：参与主体集合、策略集合、效用集合（王文举，2003）。

（1）参与主体指的是在博弈中进行选择使自己效用达到最大化的决策主体，即在所定义的博弈中能够独立进行决策、承担结果的个人或团体。

（2）策略是指参与主体进行选择的决策，即在博弈过程中，根据实际情况进行选择行动的预先安排。策略集是参与主体能够选择的全部策略或行动集合。

（3）效用指的是参与主体在博弈中能够获得的效益，通常是指所有参与主体的策略或行为的函数表达，效用是每个参与主体最为关心的问题。各参与主体的每一组可能选择的决策的结果都会有一个效用与之相对应。

3）博弈论的分类

通常情况下，可以将博弈理论分为合作博弈和非合作博弈，两者之间的差别

是当人们的行为相互影响时，所有的博弈参与主体是否能够达成一个具有约束效力的协议，能则是合作博弈，不能则是非合作博弈。合作博弈与非合作博弈的本质区别在于：非合作博弈的参与主体追求的是个人经济效益最大化，而合作博弈的所有参与主体追求的是集体利益最大化（Culhane. 2011）。从长期来看，虽然合作是有条件的，但毕竟是一种普遍存在的经济活动行为；另外，从博弈的效果来看，当非合作博弈呈现无效率或低效率时，就表达了合作的可能性和必要性。从进行选择的先后次序来看，又可将博弈分为静态博弈和动态博弈；从某一参与主体获取其他参与主体的各种特征信息的差异程度来讲，又能把博弈分为完全信息博弈和不完全信息博弈。

2.3.8.2　纳什均衡

博弈分析的最终目的是达到一种均衡状态，即每个博弈主体都是理性的，都能进行最优策略的选择。纳什均衡是博弈理论的核心和基础，它表明博弈的理性结局是一种策略组合，在这个组合中，每个博弈主体所做出的决策都是对其他博弈主体所选策略的最佳反映，即纳什均衡体现的是一种互利共赢的思想。

对纳什均衡的定义为：假设有 n 个主体参与到博弈中，在其他主体策略既定的情况下，每个主体都会选择使自己效益最大化的策略，所有参与主体选择的策略组合到一起构成一个策略集合。这个策略集合中，因为每个人都是选择的对自己最优的策略，即在给定其他主体策略不变的情况下，没有任何单个参与主体会愿意选择其他策略，从而不会有人愿意主动打破这种均衡。

2.4　森林碳汇的相关理论

2.4.1　森林碳汇的相关概念

2.4.1.1　碳汇和碳汇量

1）碳汇

通过对现有文献进行研究和总结，我们可以看到，对碳汇这个概念的表述主要有以下几种：

碳汇代表一个储存库，作为一个实体，它是自然界中碳的寄存处。

碳汇表示的是一种状态。在整个碳循环过程中，会与外界进行碳交换，如果交换的净成果体现为它对外界碳交换是净吸收，则是碳汇，反之是碳源（梁丽芳和张彩虹，2007）。

在陆地生态系统中，体现碳汇功能的是碳库的储存量和积累速率。

碳汇指的是森林吸收并储存 CO_2 的量，也可以说是森林吸收并储存 CO_2 的能力。碳汇，是指在自然界中，碳的寄存体需要从空气中清除 CO_2，其所经历的活动、过程和所需的机制（谭志雄和陈德敏，2012）。在生活中，主要体现了一种能力，这种能力包含了对 CO_2 的汇集、吸收和固定的作用。当生态系统固定的 CO_2 量大于 CO_2 排放量的时候，这个生态系统就表现为大气 CO_2 的汇，俗称的碳汇；反之，即为碳源（张颖等，2010b）。在《联合国气候变化框架公约》中，"源"，指的是任何向大气中释放所产生的温室气体、气溶胶或其前体的活动、过程和所需的机制（师丽华等，2008）；"汇"，即可以从大气中清除的温室气体、气溶胶或其前体的活动、过程和所需的机制。"汇"和"源"表示两个相反的过程。

综合以上各种观点，可以看出：专家学者对碳汇的概念所做出的解释虽然表达方法不同，但基本的界定还是一致的，能够在一定程度上达成共识。

2）碳汇量

由以上概念可知，碳汇可以被认为是一个过程或者一种活动，那么相应地，碳汇量就可以被认为是这个过程或者活动的成果，即所固定 CO_2 的量。本书的碳汇量就是指碳储量，具体来说包括两部分，即碳汇物理量和碳汇价值量。森林的碳汇物理量就是森林所固定 CO_2 的实物量，即其实际固定 CO_2 的质量；森林的碳汇价值量就是利用森林碳汇的物理量和 CO_2 的价格所得出的森林所固定 CO_2 的实际价值。

2.4.1.2 森林碳汇和林业碳汇

森林作为全球陆地生态系统的核心部分，在其生长过程中，能够最大限度地利用太阳能，通过光合作用把叶片吸收的 CO_2 和根部输送上来的水分转化成有机质和 O_2，并把 CO_2 以生物量的形式固定在森林的树干、树枝以及树叶中，这个过程称为"森林碳汇"，而森林的这种功能被称为碳汇功能，相应地，森林在该过程中所固定的 CO_2 量即为森林碳汇量（马云涛等，2011）。

森林的碳汇功能因其巨大的生物量而成为陆地生态系统中最大的碳库，因而，森林能够起到主要的固碳作用，对一定时期内稳定乃至降低大气中的 CO_2 浓度发挥着重要作用。森林碳汇的固碳形式也不是单一的，主要有树木固碳、林下植物与腐殖质固碳以及林产品固碳。

林业碳汇是指通过实施造林、森林管理和保护、再造林以及减少毁林等措施，吸收大气中的 CO_2 并固定在植物和土壤中，进而减少 CO_2 排放源或增加 CO_2 吸收汇以减缓气候变暖趋势的过程和活动（李怒云等，2008）。因此，林木在该过程或活动中所固定的 CO_2 量就是林业碳汇量。

林业碳汇一般分为广义和狭义两种：广义的林业碳汇指的是，任何通过森林活动清除 CO_2 的过程、活动和机制以及由此引起的碳的储存和汇集；狭义的林业碳汇则是指在《联合国气候变化框架公约》和《京都议定书》下的一个特定名词，只表示通过造林和再造林项目而产生的碳汇（张晓静和曾以禹，2012）。

由以上论述可以看出，森林碳汇和林业碳汇并不是相同的概念，应该说，森林碳汇属于自然科学的范畴，而林业碳汇则属于社会科学的范畴。本书的研究属于自然科学范畴的研究，自然把森林碳汇作为大的研究范围并将森林碳汇量作为研究和探讨的主要对象。

2.4.2 价格理论

1）资源定价理论

现有的理论研究中具体在资源定价理论上，主要包括了影子价格、边际机会成本定价、可计算一般均衡模型、市场估价、李金昌定价法、能量定价、能值定价等方法（孙雅岚，2012）。从已有的研究来看，资源定价的两种基本方法是影子价格和边际机会成本定价法。

根据经济理论界的相关研究和文献综述，可以认为影子价格是在 20 世纪 30 年代，由荷兰学者丁伯根基于市场缺陷率首先提出的；苏联学者列维康托洛维奇从线性规划的角度，提出了最优计划价格；萨缪尔森在后来的研究中对这一理论进行了进一步的补充，认为影子价格以线性规划为计算基础，以边际生产力为基础的资源价格，它就是为使资源得到最优配置，每增加一单位资源投入所带来的社会总收益的增加量，然而这一理论在实际运用中仍存在很多限制因素，如"计算复杂……不能表现资源在不同时期动态配置时的最优价格"（何承耕等，2002）。

边际机会成本定价理论认为资源定价应包含其全部成本，用公式表示，就是 MOC＝MPC+MUC+MEC，式中，MOC 为边际机会成本；MPC 为边际生产者成本；MUC 为边际使用者成本，是指将来使用此资源的人所必须放弃的净收益；MEC 为边际外部成本，且当资源在市场上的价格比 MOC 小时，就会刺激资源加速消耗，反之，就会减少资源的消耗。这一理论使用全成本定价原则将资源与环境结合起来，有利于促进资源的循环利用。

2) 价格管制理论

资源存在于我们生活的方方面面，我们对于资源有很高的依存度，长期以来，我国实行的都是资源的价格管制，而根据美国学者曼昆在价格理论中提到过的价格控制理论，价格本身就有调解供求，协调市场经济活动的作用，当政府决策者用强行规定的方法确定价格时，他们也就忽视了市场的作用，削弱了价格信号的作用。当政府实行限制性价格时，市场中的物品就出现了短缺现象，这时卖方必然在大量潜在买者中对稀缺物品进行配置，那么具体到价格、供求的变动方面，资源生产成本的上升，必然使得资源的供给曲线向右移动，这样要达到新的市场平衡，就必然要提高资源价格，减少买者的需求量，同时增大供给者的供给量，而当存在政府价格管制，就会使资源价格过低，导致生产者没有提供充足产品的欲望，这时消费者却存在大量的需求，从而引起短缺。

3) 价格杠杆理论

价格杠杆理论中这样描述，价格是国家宏观调控经济的重要参数，"它是实现商品交换的经济杠杆，杠杆作用主要表现在以下几个方面：①价格是经济活动的连接者；②价格是经济信息的反馈者；③价格是经济利益的协调者"。价格机制是指在充分竞争市场中商品价格形成及其变动影响到商品的供求，它们之间的联系和作用，即价格波动引起供求变动从而引起价格与供求相互协调运动的机制，而价格机制的具体所指就是价格体系和价格形成机制两个方面，其中，价格体系包括了商品的差比价关系，价格形成机制涉及价格以什么样的形式、方式来决定的问题（王舒曼和王玉栋，2000）。

关于资源价格问题，我国学者提出资源的价格能准确反映各种资源稀缺程度，同时还能够发挥两种无法取代的作用，首先能够抑制对资源的大量需求，其次可以鼓励开发节能技术、寻找替代产品，或者用较丰富的资源代替较稀缺的资源。我国学者刘世锦也从价格与供求的关系上阐明了他的观点，在价格起作用的情况下，一种资源供给不足，价格必然会上升，使用者为了减少支出将会更加节约减少资源的消费，或者寻找另一种价格较低的可替代资源。但是当价格不能发挥它应有的作用时就会出现资源的短缺与浪费并存的现象。

2.4.3　期权交易的基本理论

1) 期权的功能及作用

大宗商品定价最主要的方式是期货定价，原油、燃料油、铜、铝、大豆、棉花等大宗物资都以此方式形成价格。原因在于期货市场是一个公开、集中统一以及近似于完全竞争的市场，期货市场上产生的价格能够最大限度地反映全社会对大宗商品价格的预期，反映真实的市场供求关系，是真正的市场价格。期货市场的基本功能是规避风险和价格发现。风险的厌恶者在期货市场是采取套期保值来规避价格风险。并且，期货交易的参与者众多，可以代表供求双方的力量，有助于价格的形成。欧盟及其他国家和地区的碳交易期货的实践表明，碳交易期货可以有效避免碳交易市场上的风险，促进碳交易市场的发展，对于我国而言，碳交易期货市场也将起到调节资源配置、规避企业风险、降低交易成本等作用。

在期货交易市场中同时存在期权交易。期权的价格是指在买卖期权中，合同买入者支付给卖出者的一定的费用。买入者因支付了期权费而获得了权利，卖出者因收取了期权费而承担了风险和责任。期权实质上是赋予期权持有者"一段时间"，使其能够在这段时间内充分利用所能获取的信息，以降低对未来状况不确定性的程度，从而做出更加合理的决策。因此，期权的价值反映了在某一段时间内所能获取信息的价值，因而在决策活动过程中必须对这一价值进行合理度量。Fisher 和 Merton 较早的研究了金融期权价值理论，由于现在我们可以使用期权思想来描述一些决策问题，所以对期权的选择应用需要从金融资产作为标志的应用金融期权延伸到以非金融资产的标志的实物期权上。就目前的形势来说，实物期权已经运用到了企业和政府的工作中，在企业方面主要包括企业的价值评估、企业投资决策、无形资产的定价、研发部的项目评估以及针对保险合同的定价等领域；在政府方面，主要用于税收或渔业许可证的价值评估、确定政府津贴的支出，如对农产品价格的补贴等，以及政府为了改变这些配额所做的权力价值评估、离岸石油租赁合约的价值评估和农业污染的防治。

期权的价格由内在价格和时间价格两部分组成。期权的内在价格是期权本身所具有的价值，即期权的协定价格与该金融工具的即期价格或市场价格的差额。期权价格的决定理论解决了针对期权的定价问题，美国哈佛大学的教授罗伯特·默顿和斯坦福大学的教授迈伦斯科尔斯共同创建期权的价格决定理论，主要提出了非常实用的计算期权价格和控制投资风险的研究方法。

2）Black-Scholes 期权定价模型

目前，欧式期权定价模式被普遍认为世界上最常用的定价模式称为 Black-Scholes（B-S 模型）（朱方明和蒋永穆，2001），B-S 模型要想成立所具备的相应假设条件如下：①对应的证券不予支付红利；②在证券到期前不执行期权（欧式期权）；③市场中没有交易费用或税收，所有证券都是高度可分的（保证金、税收、交易费用等忽略不计），即市场的无摩擦性；④所涉及的利率是个常数；

⑤相关证券价格在一个固定的幅度内波动，股价的变化遵循了自然对数正态分布原则；⑥在短期内，股票价格变化的幅度小，无风险套利的机会不再出现；⑦标的资产价格变动情况遵循了一般化的维纳（Wener）过程。

在商标期权上，这个公式最初被人们所使用，但是现在其他期权依然受用。需要说明的是，这个公式只能用于计算看涨期权（call option）的价格，它的具体表示如下：

$$C = N(d_1)S_0 - \frac{X}{e^r f^{\Delta t}} N(d_2) \tag{2-4}$$

$$d_1 = \frac{\ln\left(\frac{S_0}{X}\right) + (r + 0.5\sigma^2)}{\sigma\sqrt{\Delta t}} \tag{2-5}$$

$$d_2 = d_1 - \sigma\Delta t \tag{2-6}$$

$$r = \ln(1 + R) \tag{2-7}$$

式中，S_0 为标的资产当前的市场价格（spot price）；X 为期权的协定价格；C 为期权在规定协定价格情况下的期权价格，即期权费；e 为自然对数的底，它的近似值 2.718 28；t 为到期日以前的剩余时间，以占一年的几分之几表示；σ 为标的资产的风险，即期价格的波动幅度，以连续计算的年回报率的标准差来测度；$N(d)$ 为正态分布变量的累积概率分布函数；对于给定变量 d，服从平均值为 0，标准差为 1 的标准正态分布 N（0，1）的概率；r 为无风险连续年复利；ln（1+R）为复利计算的自然对数值，其中 R 为单利年利率，用小数表示；ln 为自然对数；由于波动率 σ 可以通过历史数据进行，这样我们就可以算出无风险利率为 R 时的不支付红利股票欧式看涨期权的价格。对欧式看跌期权或美式期权而言，可以通过式（2-4）~式（2-7）的变形而求得。

B-S 模型使用起来十分便捷，但其仅适用于非派息的美式看涨期权及各种欧式期权，期权被提前执行的可能性越大，结果便越不精确。由于碳排放期权赋了期权所有者在某一特定时刻以某一价格购买碳排放权（carbon emission rights，CER）配额的权力，并且允许期权所有者随时执行该项期权，因此从实质上来讲，碳排放权属于美式看涨期权。B-S 模型所适用的对象是无红利支付的欧式看涨期权，B-S 模型的优点是对欧式期权有精确的定价公式，由于已经假设碳排放权中红利是不存在的，根据期权定价的相关理论，对于不支付红利股票的美式看涨期权可以用计算欧式看涨期权的 B-S 模型定价公式计算。故而选用 B-S 模型作为研究的工具。

2.4.4 森林碳汇量测定理论

1) 森林碳汇物理量测定

作为陆地上生态系统的主体以及最主要的碳储存库,森林是地球上初级生产力最大的生物群落(姜礼尚,2003),其平均生产量达到了 $13t/(hm^2 \cdot a)$。由此可见,森林对现在以及未来的气候变化和碳平衡都会产生重要的影响。因此,森林碳汇量的估算、森林碳汇功能的评价,具有十分重要的意义。

近年来,关于森林生态系统碳平衡的研究逐渐在我国开展起来。目前已经有许多学者对全国或是区域性的森林碳汇问题进行了研究。由于各自研究目的的不同,所以研究范围也有所不同。当前的研究,大多是从经济学角度展开的,因而对森林碳汇物理量的估算可能就缺乏全面性,这不仅导致林地所有者不能更好地了解其自身所拥有的资源状况,而且也不利于森林碳汇贸易在整体或局部地区的开展(Pavel et al.,2013)。因此,对森林碳汇物理量测算方法的探索和研究一直都在进行中。

常见的森林碳汇物理量的测算方法有很多种,按照其计算原理的不同,可以分为以森林资源清查数据为基础的测定方法和以设备仪器为工具的两种测定方法。

(1) 以森林资源清查数据为基础的测定方法。顾名思义,该方法就是将森林资源的清查数据作为研究的基础数据,利用该清查数据与其他相关物理量的关系再将其转化为中间数据,经过一定的换算之后最终得到研究所要的结果,即森林碳汇的物理量。这种方法的测定过程相对简单一些,但是有其自身所适用的研究范围,故对研究对象的一些自然条件有较高要求。

该方法是一系列方法的统称,具体包括以下方法:生物量法、蓄积量法、生物量清单法、相对生长式法和碳密度换算法等。

(2) 以设备仪器为工具的测定方法。同样地,以设备仪器为工具的测定方法也是一系列方法的统称,它们有个明显的共同特点,即都是将设备仪器作为森林碳汇物理量测定的工具,而且这些方法不会利用已有森林资源清查的基础数据,而是利用一些设备仪器对森林碳汇物理量的测定所需数据直接进行测量。这种方法相对准确一些,但对仪器设备的要求较高,并且对研究地域有较多的条件限制。

该方法具体包括:涡旋相关法、弛豫涡旋积累法、箱式法、遥感估算法、模型模拟法以及同化量法等。

2) 森林碳汇价值量测定

对森林碳汇价值量的测定有两个要素：一是森林碳汇物理量；二是森林碳汇的价格。在森林碳汇物理量确定的前提下，森林碳汇价格直接影响森林碳汇价值量的最终测定结果。因此，碳汇价格的确定具有重要意义。

当前，虽然国际上和国内对于碳汇价格的确定方法方面都还存在较大的争议，但其确定方法大致可以分为以下两类：基于 CO_2 成本角度的碳汇价格确定方法和基于市场角度的碳汇价格确定方法。

（1）基于 CO_2 成本角度的碳汇价格确定方法。该方法确定碳汇价格主要是从 CO_2 的成本方面出发，主要包括以下几种方法：人工固定 CO_2 成本法、造林成本法、碳税法、变化的碳税法、效益转移法以及损失估算法等。

（2）基于市场角度的碳汇价格确定方法。该方法将市场交易作为确定 CO_2 价格所要考虑的主要因素，典型的方法就是支付意愿法。

2.4.5 低碳经济理论

在 2003 年的英国能源白皮书《我们能源的未来：创建低碳经济》中就提出了低碳经济的概念。世界银行首席经济学家尼古拉斯·斯特恩在《斯特恩报告》中也曾呼吁全球应该向低碳经济转型。1997 年，美国的数千名经济学家也联合声明，市场的政策应当是最为有效减缓气候变化的举措。2009 年 11 月 26 日，我国也提出了 2020 年碳排放降低的目标，并且还将其纳入到了我国的国民经济和社会发展的长期规划中。对于低碳经济的研究也开始如火如荼的进行了，以清华大学、中国社会科学院和中国气象局、中国人民大学、湖南大学、四川大学、江西科学院、山东理工大学、山东财政学院等著名高校组成的低碳经济研究机构，开始了对于低碳经济理论的全面研究。

我国学者庄贵阳（2005）认为，低碳经济的实质是能源效率和清洁能源结构问题，核心是能源技术创新和制度创新，目标是减缓气候变化和促进人类的可持续发展。付允等（2008）认为低碳经济是一种以低污染、低能耗、低排放和高效率、高效能、高效益为基础，主要的发展方向是促进低碳的发展，主要的发展方式是节能减排，发展方法是以碳中和技术为主的绿色经济发展模式。鲍健强等（2008）认为，低碳经济是一次人类重大的变革，其变革主要表现在经济发展方式、人类生活方式和能源消费方式上，它将全面地改造之前建立在化石燃料（能源）基础之上的现代工业文明，使其转变为生态经济和生态文明这一道路上。刘细良（2009）主张低碳经济是一种理性的权衡，这一权衡主要体现在人类对经济增长、经济发展、环境保护和改善福利；是对人与社会、人与自然、人与人和谐关系的一种理性认知；是一种低污染、低物耗、低排放、低能耗、高效能、高效率、高效益的可持续经济发展模式；是继工业文明之后的生态文明；是信息革命之后的新能源革命。金乐琴等（2009）指出低碳经济作为一种新的经济发展模式，它与现在主张的节能减排和生态环境的关系有着密切的联系，与可持续发展理念和资源节约型、环境友好型社会的要求一致。

从气候经济学中看低碳经济。在德黑姆·施瓦茨的《气候经济学》中揭露了气候与经济间不可分割的密切关系。《斯特恩报告》中则指出全球经济的发展受到了不断加剧的温室效应的严重影响，我们没有预料到的是气候的变化会给经济的发展造成严重的滞后后果。气候经济学则是将气候与经济之间的密切关系探讨得非常透彻。而低碳经济与其也有着同出一辙的理论基础，它们拥有着一致的内涵。

从资源环境经济学看低碳经济。资源环境经济学研究的是环境的保护对于经济发展之间的关系，来告诉人们怎样来正确地调整经济发展和环境保护之间的相互关系，从而既能满足经济的发展又能够保护环境的一门学科。研究从环境污染造成损失的估算、污染者该怎样付费和排污指标转让的金额的制定三方面进行。资源环境经济学的研究主要是让人们知道对于资源的运用和环境的损害是要付出成本的，还研究出核算的方法，来直观地向人们展示出在我们发展经济的同时所损害的环境和资源的使用需要付出多少价值。低碳经济则是在借鉴资源环境经济学的理论体系构建中来完善的低碳经济理论体系。

低碳经济作为经济学的分支，需要通过经济学的相关原理和规律与 CO_2 含量的升高来研究的经济发展，从而解决在保持经济发展的同时，如何来降低 CO_2 的排放量。对于低碳经济和气候变化问题，它们所涉及的学科和领域都比较多，需要有较为综合的视野才能够真正的把握（Moulton and Richards，1990）。通过三个方面来对其进行研究。首先，要以传统经济学为基础，在充分掌握边际分析、弹性分析、均衡分析、结构分析、总量分析等的实证分析方法以后，才能够有基础研究低碳经济，同时要对各个国家关于碳排放量的规范进行分析。其次，需要有环境经济学中波及性分析、碳循环、成本有效性分析与效益、碳权和碳金融、碳足迹、碳贸易等相关学科的知识进行辅助帮助。最后，因为 CO_2 的升高，虽然只是由于部分国家排碳量的超标引起的，但是却会殃及全球的国家，对于这种现象的出现，需要进行制度学的相关分析。

2.5 本章小结

从本章的分析容易看出，森林生态服务是森林所带来的一种极为特殊的公共产品，因而它具有典型而明显的公共外部性。它既涉及当代人的利益，同时又惠及子孙后代。在政府干预不存在以及产权界定不够明晰的情况下，森林资源的拥有者并不会得到任何报酬，同时其效用在价格中也得不到任何反映。针对这种外部性，其解决途径有两种：一种就是以庇古为代表的干预学派的观点，其出发点为"市场失灵"，即政府必须进行干预以达到弥补市场不足来解决外部性问题的目的；另一种是以科斯为代表的"芝加哥学派"的观点，他们主张运用产权和市场两种手段来处理外部性的问题。鉴于森林生态服务典型的公共产品性，本章运用了生态服务价值理论、科斯产权理论对森林生态服务作出了理论上的说明，并提出了运用市场手段对森林生态资源进行优化配置。同时，通过对运行机制理论的分析容易得到：森林生态服务市场的运行机制就是生态服务供需双方为追求经济利益最大化，在充分考虑各种风险因素的情况下，运用价格来调节森林生态服务的供求状况，进而达到森林资源最优利用目的的一种市场机制。森林碳汇不仅关乎全球当代人的利益，而且也惠及子孙后代，是一种可持续使用的资源。森林资源拥有者在没有政府干预和产权明晰界定的状况下，并不能因此获得任何经济报酬，其效益并没有在价格中得以反映。由于碳汇是一种典型的环境产品，具有资源产品的特征，研究其价格的确定可以从资源定价理论、期权理论以及森林碳汇量的测定理论中寻找突破口。

3

我国森林生态服务市场构建的基础框架

森林生态服务市场化的行为是相对于政府行政命令执行行为而言的。市场化是进行资源配置的又一种方式，它实现了森林资源配置以计划经济为主体向以市场经济为主体的根本性转变。越来越多的人和组织认识并参与到森林生态服务市场中来，因此构建森林生态服务市场是我国社会发展的必然趋势。

3.1 森林生态服务市场构建的可行性分析

1）我国的林业生态项目起步早、森林资源丰富

我国从 20 世纪 80 年代就开始大规模地实施植树造林项目，进入 90 年代后，造林的力度进一步加大，开展了一系列的重点林业生态工程。2005 年，我国首个与国际社会合作的森林碳汇项目建设完成。自此，相似的生态建设项目在我国陆续展开，在国家气候变化对策协调小组的带领下，内蒙古、广西、云南、四川、辽宁、河北等地纷纷建立了生态项目试点工程。除了国家宏观上的支持，一些企业也纷纷踏入了建立林业生态项目的行列。伴随着我国森林生态项目的大规模开展，我国的森林管护水平也随之提高。我国的森林覆盖率、森林面积、蓄积量和林木的质量等也有了一定程度的提高。第七次全国资源清查的数据比第六次清查的结果有了很大的提升，见表 3-1。

表 3-1 第六次与第七次全国森林资源清查数据比较

指标	第七次清查数据	第六次清查数据	增长情况
全国森林面积/hm²	1.95 亿	1.93 亿	2054.3 万
森林覆盖率/%	20.36	19.93	2.15
活立木总蓄积/亿 m³	149.13	136.19	12.94

续表

指标	第七次清查数据	第六次清查数据	增长情况
森林蓄积/亿 m^3	137.21	125.98	11.23
天然林面积/hm^2	1.20 亿	1.16 亿	393.05 万
天然林蓄积/亿 m^3	114.02	107.26	6.76
人工林保存蓄积/hm^2	0.62 亿	0.54 亿	843.11 万
人工林蓄积/亿 m^3	19.61	15.14	4.47
森林生态服务价值量/万亿元	10.01	4.12	5.89

资料来源：国家统计局，2012

第七次森林资源清查结果显示，我国目前有5400多万公顷的宜林荒山土地，所以有足够的宜林地来发展森林生态服务市场。我国林业发展的战略目标是：截至2020年，我国将新增森林面积3668万 hm^2，林木覆盖率将达到23.4%；至2050年，新增森林面积4696万 hm^2，森林覆盖率要达到26%。总的看来，到2050年，我国的森林净增面积为9000多万公顷。此外，还有2亿亩①左右的边际性土地可以用来种植和恢复植被，这也大大增加了我国的森林生态服务储备量。

2）森林生态服务市场的潜在经济收益巨大

林业生态建设是投入大、收益大，对生态环境的影响也十分巨大的一个产业。中国林科院在2010年以《森林生态系统服务功能评估规范》国家林业行业标准为依据，结合不同区域、不同植被类型的生态系统结构、生态过程与服务功能，对全国森林的生态服务功能进行了评估，结果显示：中国的森林生态系统在涵养水源、保育土壤、固碳释氧、积累营养物质、净化大气环境与生物多样性保护6项服务功能总价值为每年10万亿元，相当于2009年我国GDP的近1/3。在这6项生态服务功能中，中国森林生态系统水源涵养年价值量4.06万亿元，年涵养水源4947.66亿 m^3，相当于12个三峡水库2009年蓄水至175m水位后的库容量；保育土壤年价值量0.99万亿元，年固土量70.35亿 t，相当于全国每平方公里土地减少730t土壤流失，年保肥量3.64亿 t，折合氮肥26亿 t；固碳释氧年价值量1.56万亿元，年固碳量3.59亿 t，年释氧量12.24亿 t；积累营养物质年价值量0.21万亿元，每年林木积累营养物质量0.17亿 t；净化大气环境年价值量0.79万亿元，每年中国森林提供负离子 1.68×10^{27} 个，年吸收大气污染物量

---

① 1 亩 $\approx 666.7 m^2$。

0.32 亿 t，年滞尘量 50.01 亿 t，相当于数以亿计的空气净化设备功能；生物多样性保护年价值量 2.40 万亿元，如图 3-1 所示。由此表明，我国森林生态服务市场潜在的经济收益是巨大的。

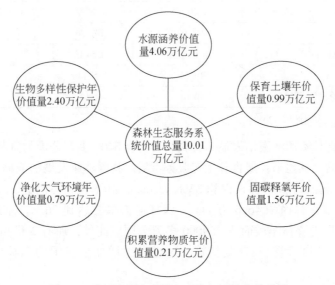

图 3-1　我国森林生态服务系统年评估价值总量

3）我国正在建立稳定可靠的社会制度保障

由于我国森林资源和林地以国有和集体所有制为主体，进行统一、规模经营，方便政府进行宏观调控；国内的政治和经济环境也相对稳定。近年来，我国进行的林权改革也给森林生态服务市场的发展提供了便利条件。我国多年来进行的生态建设工程，已经有了稳定的项目管理体系，同时农民对生态建设的重要性得到了提高，便于组织群众化造林和可持续经营。所以，在我国建设森林生态服务市场，可以降低项目设计与实施的成本。

4）市场需求的刺激

我国生活水平的提高导致人们对生态环境的要求也在不断提升，如水质要更加洁净、空气要更加清新，旅游及休憩景观要更加多样化等，这些都表明人们对精神生活的需求已经随着经济的发展在不断加强。此外，人们对森林生态服务产品的需求源于我国人民受教育程度的不断提高，自然地，其环境保护意识和道德观念也随之提高，越来越多的人自愿为环境保护产品支付代价（如购买经过认证的绿色食品）。生态服务的需求量不断增大，也客观上刺激了我国发展生态林业、建立森林生态服务市场的发展。

3.2 森林生态服务市场构建的必要性分析

3.2.1 国际气候变化谈判和森林功能的突显

3.2.1.1 气候变化已经成为各界共识

全社会在工业化、城市化、国际化的不断发展中，都离不开燃料的使用，而化石燃料所占的比重是巨大的，这就在一定程度上形成了我们所看到的情况，大气中 CO_2 的浓度与 GDP 的增速呈正相关，且相关系数在逐渐地变大。而这种状况导致的最直接的后果就是，全球气候变暖、海平面上升、异常天气增加、大气臭氧层变薄等不断恶化的人类生存环境。这些状况在很大程度上会反作用于人类社会，影响经济社会的发展和人类的生存健康，同时也会对一个国家的制度建设产生影响。为了应对日益严重的环境问题，全人类应该积极响应，国际社会为此制定和出台的《联合国气候变化框架公约》和《京都议定书》在一定程度上提供了法律保障及制度平台。这是人类自身生存发展的需要，同时也是人类所面临的必然选择。从目前的情况来看，面对不断变化的气候状况，如何才能保护好我们人类赖以生存的空间，已经成为全社会广泛关注的主题和人们热议的话题之一，这也是如何解决人类社会"提前消费"的难点问题。

世界银行的报告显示，温室气体排放的主要来源是交通、建筑、工业及森林减少这四大领域，而在这四大领域中，森林减少所占的比重仅次于工业及建筑业发展所产生的碳排放量（曾华锋，2009）。因此，为了缓解气候变化给人类带来的压力，应积极提倡植树造林，增加森林的覆盖面积，提高 CO_2 的吸收速度；同时，提倡工业与建筑的清洁发展，改变人类现有的生活方式，减少 CO_2 的排放，改善人类赖以生存的生态环境。

3.2.1.2 国家气候变化谈判不断推进

全球气候变暖对于我们当代人已经构成威胁，而这种威胁也将延续给我们后代，影响他们的生存健康。20 世纪后半叶，国际社会就如何控制温室气体排放、减少气候变化危害进行了系统全面的研究，并提出相应的整改措施。

1992 年 5 月 22 日，世界上第一个为全面控制 CO_2 等温室气体排放的国际公约《联合国气候变化框架公约》，在巴西里约热内卢初步形成，并于同年的 6 月 4 日在联合国环境与发展大会暨地球脑会议上得到通过。这不仅预示着国际社会在应对全球气候变暖的不利状况时能够采取的积极措施，同时也标志着国际社会在应对全球气候变化这一问题时，首个国际合作基本框架的形成。在 1997 年，为了落实《联合国气候变化框架公约》的法律效应，制定并通过了《京都议定书》。《京都议定书》要求发达国家在 2008 ~ 2012 年，应该承担更大的责任与义务，工业发达国家是实现温室气体排放量的大幅度减少的关键。具体来说，对于 6 种温室气体的排放，欧盟、美国、日本分别削减 8%、7%、6%。在 2005 年 2 月 16 日，作为联合国历史上首个具有法律约束力的温室气体减排协议，《京都协议书》正式生效。美国温室气体排放总量占全世界的 1/4，但是，美国拒绝签署这一协议，不过，《京都协议书》的生效仍然有里程碑式的意义，标志着人类在保护地球方面迈出了重要的一大步。

联合国政府间谈判委员会《联合国气候变化框架公约》第十三次缔约方大会及《京都议定书》缔约方会议于 2007 年 12 月 3 日至 15 日，在印度尼西亚巴厘岛举行。会议具体通过了"巴厘岛路线图"。首先，就 2012 年后关于《京都议定书》第一个承诺期结束，即新的国际合作协议的谈判做出了安排。其次，研究确定了第一个承诺期结束后的气候变化国际合作活动的主要内容，从减缓气候变化到适应气候变化，以及在资金和技术等方面的内界和投入。从总体上讲，此次会议的内容对发展中国家是有利的。根据"巴厘岛路线图"的有关规定，发达国家缔约方严格履行自己的责任，贯彻落实可测量、可报告和可核实的减排责任，相比较而言，对发展中国家减缓和适应气候变化的行动，在力所能及的范围内，提供技术、资金和能力建设方面的支持。

《联合国气候变化框架公约》暨《京都议定书》第五次缔约方会议于 2009 年 12 月，在丹麦首都哥本哈根召开，会议也被称为哥本哈根联合国气候变化大会，具体时间从 7 日到 18 日，并与 19 日下午落幕。此次会议达成不具法律约力的《哥本哈根协议》，在维护了《联合国气候变化框架公约》暨《京都议定书》所确立的"共同但有区别的责任"原则的基础上，对发达国家及发展中国家的行动作出具体安排，对于发达国家而言，要严格实行强制减排，而对发展中国家而言，则采取自主减缓行动。同时，会议还就社会广泛关注的问题达成共识，如全球长期目标是什么，资金和技术的支持力度如何，能否实现行动的透明化。

联合国政府间谈判委员会《联合国气候变化框架公约》第十七次缔约方会议于 2011 年 11 月在南非德班举行，德班决议维持原有的决定，即坚持了公约、议定书和"巴厘岛路线图"授权，也坚持了双轨谈判机制，同时还对"共同但有区别的责任"原则予以赞同；德班决议可以说是哥本哈根会议的继承与发展，具体安排了在《京都议定书》第二承诺期内，发展中国家所最为关心的问题；

启动了绿色气候基金，使资金问题取得了突破性的进展；在坎昆协议基础上，对适应、技术、能力建设和透明度的机制安排做了进一步明确和细化；会议深入讨论了有关 2020 年后，如何加强实施公约的进一步安排，并通过对相关进程进行明确，来向国际社会发出积极信号，倡导全人类的共同参与。

在国际社会气候谈判进程不断推进的过程中，应对气候变化已经不单单是一种口号，已经逐渐变成在政府间、社群间的互动的基础上，来更好地实现某种程度的全球治理的目标。如何做到减少温室气体排放，增加森林碳汇储备，正逐渐得到越来越多人的关注，在全球各国间已达成共识。

3.2.1.3　森林在应对气候变化中地位特殊

对于在工业化进程中排放大量温室气体的实际情况，如何实现对发达国家和部分经济转轨国家的有效控制和改变，《京都议定书》对此做了特别规定，要求工业发达国家在 2008～2012 年 4 年内，实现温室气体排放量在 1990 年的基础上，减少 5.2%。为了实现这一减排目标，在遵照"共同但有区别的责任"原则的基础上，《京都议定书》特别制定了相应的运行管理体制及创新机制，分别是 JI、排放贸易（ET）和 CDM。经过国内外专家学者的讨论研究，一致认为这三种运行管理创新机制的制定，对发达国家和发展中国家都提供了良好的合作机制，是一种能够带来"多赢"面的长效运行机制（世界银行，2009），不仅关系到发达国家节能减排，还对发展中国家引进资金与技术提供了制度保障。在联合国政府间谈判委员会《联合国气候变化框架公约》中，对"碳汇"与"碳源"的科学内涵与实现路径做了明确的规定，即"碳汇"是指清除空气中 CO_2 所涉及的全部过程、活动或机制，而"碳源"则与之相反。森林生态系统在人类社会中扮演着重要的价值与作用，是碳源、碳库、碳汇的重要组成部分，其碳蓄积量的增减变化将会影响到大气中 CO_2 浓度的变化（李怒云和杨炎朝，2009）。根据森林生态服务与产品的本质属性，森林碳汇具有自身的优越性，与其他节能减排方式相比，具有更加正面、积极、向上的影响和更为高效、高值、高端的特点，且其成本小，只有直接减排的 1/30 左右（刘国华和方精云，2000）。

3.2.2　国家应对气候变化和林业定位的转变

3.2.2.1　国家应对气候变化的措施

中国目前是全球最大的发展中国家，同时也是受全球气候变化危害较大的国家，因此。在应对气候变化的过程中，我们必须采取积极措施，制定合理有效的政策保障，加大资金和技术的投入力度，努力改善人类的生态环境。

早在 20 世纪 90 年代，我国成立了负责协调相关部门为应对气候变化的国家气候变化协调工作领导小组，并对其进行了高规格的要求，推出了一系列的相关政策和措施。中国政府在 1990 年派出代表团参加《联合国气候变化框架公约》的谈判，并于 1992 年签署了《联合国气候变化框架公约》，在次年的全国人大常委会上，全体讨论批准了这一公约。

1998 年，在国家气候变化协调工作领导小组的基础上进行改革，设立了国家气候变化对策协调工作领导小组，由 20 多个国家部委所组成。同年，我国签署《京都议定书》，体现我国在国际社会中对气候变化的应对举措和庄重承诺，并于 2002 年批准了《京都议定书》。2003 年 10 月，对国家气候变化对策协调工作领导小组进行了体制和机制的改革，以适应国内外的多变形势和日益严重的全球气候问题，这次改革的意义重大，具有真实意义上的顶层设计的意图，同时，新一届国家气候变化对策协调小组也应运而生，在缓解气候变暖中起到了更加重要的历史任务和更为紧迫功能作用，由国家发展和改革委员会（简称国家发改委）主任马凯担任新的协调小组组长。

我国作为《联合国气候变化框架公约》缔约方，有义务提交有关中国国家信息通报（温室气体源与汇清单）。2004 年 12 月在《联合国气候变化框架公约》第十次缔约方大会上，向《联合国气候变化框架公约》秘书处正式提交了《气候变化初始国家信息通报》，该通报是在近百个单位、400 多位专家、花费近 3 年的努力研究得出的，报告秉承广泛征求意见的原则，报备给国家气候变化对策协调小组进行讨论，得到通过后，报请国务院批准。2005 年 10 月 12 日，制定了《清洁发展机制项目运行管理办法》，这是在原有《清洁发展机制项目运行管理暂行办法》的基础上进行修订的，在中国国家气候变化对策协调小组审议通过的基础上予以发布，并且于 2005 年 10 月 12 日起施行。该项办法的修改，是为了响应国家发改委、科技部、外交部及财政部的号召，进一步促进清洁发展机制项目在中国顺利有序的开展，以适应当前工作的实际需要。与此同时，2004 年 6 月 30 日生效的《清洁发展机制项目运行管理暂行办法》予以废止。2006 年 12 月，我国成功编制了《气候变化国家评估报告》，并予以发布，这是我国第一部和全球气候变化所带来的相关变化及其影响有关的较为系统而全面的评估报告，总结了我国在气候变化方面所取得的科研成果。在此基础上，如何从国家层面应对全球气候变化问题，开始成为我国研究的又一出发点。2007 年 6 月 4 日，《中国应对气候变化国家方案》正式向全社会公布，这是一个具有历史意义的方案，它是发展中国家在应对气候变化方面所编制和发布的第一个国家方案。

我国于 2007 年 6 月 12 日成立国家应对气候变化及节能减排工作领导小组（简称领导小组），是中央政府正式成立的应对气候变化影响的职能机构，也是进一步推进全社会节能减排目标要求的协调机构，实现切实加强对应对气候变化和节能减排工作的领导，对外根据实际情况，可以称为国务院节能减排工作领导小组。同年的 6 月 14 日，在科技部、国家发改委等 14 个部委的共同号召下，公布了《中国应对气候变化科技专项行动》，进一步全面提升了我国应对气候变化的科技能力。

中国于 2008 年 10 月 29 日，正式发表《中国应对气候变化的政策与行动》白皮书，在白皮书中系统而全面地介绍了气候变化对中国的影响，在减缓和适应气候变化的行动中所采取的积极有效政策，以及中国对此所进行的体制机制建设。

中国政府于 2009 年 5 月 20 日，正式公布了有关哥本哈根会议中应对气候变化所站立场的文件。积极阐述会议中就进一步落实"巴厘岛路线图"的立场和主张，强烈表明自己的意愿与决心，中国愿意采取积极的、具有建设性的方式方法，促进落实哥本哈根会议的成果。在 2009 年 8 月 27 日，第十一届全国人民代表大会常务委员会第十次会议的召开，预示着国务院就《关于应对气候变化工作情况的报告》的顺利通过。会议本着实事求是的原则，对从中央到地方的各级各部门在应对气候变化方面作出的不懈努力和取得的显著成效进行深刻分析，总结经验教训，并对报告中有关今后工作的安排予以赞同。

国家发改委于 2010 年 8 月 10 日，通过了《关于开展低碳省区和低碳城市试点工作的通知》，确定以下"五省"、"八市"开展低碳先试点工作，其中"五省"分别指云南、广东、陕西、湖北、辽宁，"八市"分别指厦门、重庆、天津、深圳、南吕、杭州、保定、贵阳。

3.2.2.2 林业定位的转变

纵观中国的现代林业史，林业定位的转变也在不断发展变化中，具体可以概括为三个阶段。第一阶段：新中国成立初期。在这一时期把林业定位为国家经济的一项基础产业，在国家建设过程中，形成了以生产木材为中心，以林业为主导需求，林业建设为指导思想的经济试用期。第二阶段：20 世纪 70 年代末。在这一阶段中，随着生态工程建设规模的不断壮大，林业得到重新定位，它不仅是一项重要的基础产业，更是被广泛关注的公益事业。虽然林业的公益性和生态性受到重视，但从本质上讲，林业仍然没有脱离它原有的轨道，在国家的建设中，林业仍然处于主导需求的地位,并没有因此而得到应有的重视。第三阶段:20世纪90年代。在这一阶段,林业的地位达到改善,全社会大力提倡生态优先的原则,而林业是生态环境建设的主体,改善生态环境成为国家对林业的主导需求。森林资源的保护与发展,不仅关系到国土生态安全的维护,同时,也是促进经济又好又快发展的需要。森林生态服务行业的发展需要林业发展的支持,这不仅是可持续发展的要求,也是全球气候变暖情况下的必然选择,林业开始受到各界的广泛关注。因此,我们可以预见林业所要承担的责任,这不仅关乎森林资源的培育、管护和发展,在保护生物物种多样性、森林景观、森林文化遗产和提供多种森林产品中,也发挥着不可磨灭的作用,同时,在经济建设和社会发展全局中,林业也同样具有重要的战略地位。

在全球气候变化问题日益突出的今天,森林碳汇在应对气候变化中发挥着重要作用,其低成本优势得到了进一步体现,我国应时代发展的需要,将森林碳汇作为应对气候变化的首要选择,设计并提出了相应的行动方案与发展目标。2004年,国家林业局碳汇管理办公室启动了森林碳汇试点项目,在与广西、内蒙古、云南、四川、辽宁、山西6省(自治区)相互组织协调,取得一定成果,其中广西项目最为突出,它是全球首个严格按京都规则组织实施的CDM林业项目。2007年,中国在《应对气候变化国家方案》中提出了应对气候变化的一系列方针政策,包括战略目标的确定、基本原则的拟定、重点领域的划分和政策措施的制定。同年9月8日,胡锦涛在亚太经济合作组织(APEC)会议上,正式对外宣布有关中国减排"林业方案"的大体内容,做到"通过扩大森林面积、增加CO_2吸收源,实现削减温气体排放方案",受到国际社会的广泛关注与好评。认真贯彻落实《应对气候变化国家方案》精神,响应国际号召,在2009年,国家林业局颁布了《应对气候变化林业行动计划》,在这一计划中,提出中国林业行动的3个阶段性目标和22项主要行动。2009年9月22日,胡锦涛在联合国气候变化峰会上(纽约),明确提出未来的发展目标,即"大力增加森林碳汇,争取到2020年森林面积比2005年增加4000万 hm^2,森林蓄积量比2005年增加13亿m^3"。由此我们可以看出,在应对气候变化中林业正发挥着特殊的作用,而这种作用将会越来越大。

3.2.3 生态文明和新农村建设需要

2005年10月,党的十六届五中全会一致通过了《中共中央关于制定国家经济和社会发展第十一个五年规划的建议》,指出要扎实稳步地推进我国的新农村建设。2006 年 2 月 21 日《中共中央国务院关于推进社会主义新农村建设的若干意见》（中央一号文件）要求，要按照"生产发展、生活宽裕、乡风文明、村容整洁、管理民主"的要求，加快推进农村综合改革，确保社会主义新农村建设有良好开局。要求全面地落实科学发展观、加快推进我国农业发展方式的转变，与此同时，要统筹城乡发展、提高新农村建设。生态文明建设和深化社会主义新农村建设的新工程、新载体是建设美丽的乡村，也是新农村新社区建设实践的又一重大创新。与此同时，我国把城镇化建设与新农村建设紧密结合起来，坚持注重以绿色城镇为载体的城镇化建设，还要注重美丽乡村为载体的社会主义新农村建设。引领新农村建设坚持要做到以生态文明建设与新文化建设并举，全面地推进农村的政治、经济、文化、社会和生态文明的建设，让新农村新社区真正成为农民引以为豪的幸福家园，成为城里人也向往的美丽乡村。大力发展生态文明建设作为新时代的重要使命。林业承担着防风固沙、治理水土流失、保护湿地、生态修复、森林保护、保护生物多样性、产业培育、自然保护区建设、林业经济发展、林木产品生产、山区生态文化建设等多方位的功能，林业在生态文明建设和社会主义新农村建设中肩负着重要的历史使命，它有较大的社会效益、经济效益、生态效益，它在统筹经济、社会、文化、生态与环境发展中起着重要的作用，它是实现人与自然和谐相处的关键和纽带。

3.3 森林生态服务市场现状分析

Landell-Mills 等（2002）研究了 287 例关于森林生态服务的交易，这些交易大致涉及 4 种类型，其中的 75 例是碳汇交易，72 例涉及生物多样性保护交易，森林流域服务交易 61 例，景观服务交易 51 例，另外还有"综合服务"交易 28 例（UNFCCC，1999）。这些案例涉及的国家遍布南北美、欧和非洲、亚洲和大洋洲。我国的森林生态服务市场化的程度在当前正处于萌芽和发展的状态，主要在一些以公共支付为主导方式下的案例中体现，如森林碳汇交易、森林流域服务、森林景观游憩服务等。

1）森林碳汇交易

我国政府在 2007 年 6 月发布的《中国应对气候变化国家方案》是我国首部关于气候变化应对的政策性文件，同时在发展中国家这也是第一个应对环境问题的国家方案，该方案中还包含了系统的林业措施。中国清洁发展机制基金（CDMF）于 2007 年 3 月正式运营，该基金对国家在应对气候变化方面的活动提供了资金支持。截至 2011 年 10 月，我国已在联合国 CDM 上注册的项目将近有

700 个，年减排量预计会达到 1.9 亿 t，估计超过全球已注册项目总减排量的 58%，注册数量和年减排量都位于世界首位（尹少华，2010）。在社会上，森林碳汇项目已经引起了广泛的关注和兴趣，各地方政府部门以及企业的积极性都很高。

2）森林流域服务

中国的森林流域服务发展得比较快，交易案例遍及全国各个地区。当前流域服务市场的主要形式有：一是各级地方政府投资建设的一些森林生态工程项目；二是对森林经营者实施生态补偿。私人参与市场的形式目前仍很少发生，不同级别政府参与的生态建设项目的市场化程度也不同。目前，在流域服务市场中已经出现了多种交易形式，如"水权交易"、"异地开发"、"共建共享"和"水权证"等（韩洁，2009）。上述森林流域服务市场的主要形式包括私人直接贸易和开放式贸易两种。

3）森林景观游憩服务

景观服务市场化在所有的森林服务中是比较容易建立的，也是发展最为成熟的，主要通过销售门票实现生态效益，管理部门再把销售门票的所得分割一部分用于森林建设经营和养护。我国的森林生态旅游资源潜力巨大，截至 2011 年，全国共建立森林公园 3000 余处，规划建设总面积为 1930 万 hm²。据不完全统计，2011 年全国森林公园旅游人数共计 2.74 亿人，实现社会旅游收入 1400 亿元。全国有近 2700 个乡镇、12 000 个村、约 2000 万农民从建设森林公园和发展森林旅游业中受益。与此同时，景观游憩服务还帮助了周边村庄摆脱贫困，解决了将近 50 万人口的就业问题。景观游憩目前已成为了人们日常生活的不可或缺部分，为刺激消费、拉动内需、促进经济发展做出了突出贡献（连振，2009）。

通过对以上森林生态服务市场化的比较分析，我国流域服务的市场化程度最高，已经自发产生了很多成功的交易案例；森林景观游憩市场化和森林生物多样性维护的市场化交易额都很大，对于森林保护和地方经济的发展已经发挥了很大的作用；森林碳汇服务潜力近年来发展也很快，潜力很大。总体上看，我国森林生态服务市场仍以政府投资或财政转移的公共支付体系为主，私有资金的投入较少，自由贸易市场还没有形成。

3.4 森林生态服务体系市场化分类

森林生态服务市场是指森林生态服务产权交易的平台体系。通过这一交易平台，生态服务供需交易双方可以通过谈判和协议的方式实现生态服务产权交易，使生态功能效益转变为生态服务商品。任何一个新兴市场的发展速度和规模都与当地市场企业的运作、地方上的限制和面临的机遇有着众多关系，类似于任何新兴的市场，森林生态服务市场的发育也存在着以上问题。但是，由于森林生态系统服务自身具有公共产品属性的特点，其市场发育过程中的关键问题就是如何把森林各项服务转变为商品或资产，其难度在于生态服务价值的核算和将其转变为商品或资产的界定规则。而当前生态系统服务只有一小部分能够进入市场交易。根据森林生态服务市场的成熟程度，森林生态服务市场主要包括生态游憩市场、水权服务市场、碳汇服务市场和生物多样性市场（表3-2）。

表3-2　森林生态服务市场化体系分类

市场化分类	森林生态服务功能
市场化（具有排他性）	景观游憩
具有市场化趋势（间接排他性）	固碳释氧
	涵养水源
	生物多样性
未市场化（不具有排他性）	净化空气
	防护土地和保育土壤
	防风护沙

资料来源：国家统计局，2011

3.5　森林生态服务市场要素分析

从市场学的角度看，市场的形成需要具备供应者、需求者和商品这三种基本要素，而这些基本要素通过恰当的政策设定是可以定义的。从物理性质的联系来看，森林生态服务供给者与森林生态服务需求者之间存在一定的关系，而现实中，森林生态服务需求者并没有对其获得的森林生态服务支付对等的购买价格，该部分成本一直在由政府承担，森林生态服务需求者的收益远大于成本，从而导致了外部性的产生。由此可见，问题的关键是在市场中把森林生态服务提供者与需求者之间真实的经济利益关系体现出来。森林生态服务市场化的目标就是要将森林生态服务市场的两个部分结合起来，改变其被政府割裂的局面，形成一个完整的能够按照该服务的物理属性真实反映供求关系的市场（图3-2虚线框部分）。

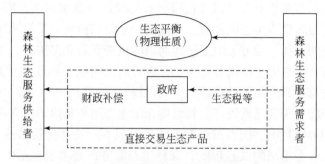

图 3-2　森林生态服务市场的物理关系和经济关系
资料来源：国家统计局，2011

3.5.1　森林生态服务需求者

市场形成的首要前提是人们对某种物品产生有效需求。森林生态服务市场同样要求有人愿意以某一价格提供森林生态服务产品，同时也有人愿意且有能力以某一价格购买该服务。一般情况下，森林生态服务的潜在购买者可以是政府、私营企业、非政府组织和当地社区居民（如流域生态服务中下游的水用户）。实践表明，已出现或潜在的森林环境服务的购买者包括私人"绿色"公司、"绿色"投资企业、股东、关注环境质量和希望降低环境破坏灾难的威胁和成本的公共机构、私人保护组织、慈善家以及一般公众（张洪武等，2010）；有时，虽然存在生态服务的需求，但由于缺乏科学技术支持、缺少规章制度的限定、缺乏财政支持、没有形成充分的市场参与、廉价替代品的存在问题和协调问题等，使得受益者享有的生态效益服务并没有转变为明确的生态服务市场需求，因而阻碍了市场交易行为的发生。在这种情况下，政府或其他中介机构介入能够将这种隐藏的生态服务需求转变成较明确的支付意愿，进而促成交易的发生。政府和其他中介机构介入方式通常包括以下几个方式：一是调查利益相关者，了解基本情况；二是向森林经营者培训关于森林利用与提供生态服务之间的利益关系；三是提供财政支持或森林经营技术培训；四是设立科研机构，进行科学探索等。

3.5.2　森林生态服务供给者

森林生态服务的潜在供给者一般是森林资源的所有者或经营者。对我国来说，他们可能是国有林场及其他拥有或经营森林资源的个人、集体林场、企业、个体农户和其他实体等。不同的林地使用决策直接会对森林生态服务的供给产生两种截然不同的影响:一种是采取可持续的森林经营措施能够将森林生态服务的供给量提高;另一种是从事导致林地退化的人为活动会减少森林生态服务的供给量。森林生态服务的公共物品特征对政府或者相关机构提出要求,要想保护生态环境,必须制定适当的政策机制鼓励供给者提供该服务产品。要想促进森林生态服务的供给,必须为土地使用者创造足够的和持续的收入流,才能确保他们实施和维持森林生态服务的供给。因此,要保证森林生态服务交易必须是动态、持续,而不能是一次性的,同时还要求能够随时调整。另外,市场中涉及的交易价格必须高到一定水平,只有这样才能够弥补实施可持续服务供给的森林经营成本和机会成本。

3.5.3 交易对象

交易对象指的是市场交易中的买卖标的物,是市场的客体要素。经济学理论研究指出,交易的发生必须满足三个条件:第一,保证交易各方的资源专享性;第二,交易各方对资源(物品)有个人主观的估计价值;第三,交易是在基于各方自愿的原则下进行的。换句话说,交易对象之所以能够进入市场被交易,本质原因在于人们对相同商品发挥的效用产生了不同程度的评价和期望。因此,森林生态服务交易除要保障森林生态服务的资源专享性外,还要保障交易双方能够对森林生态服务效用进行明确的评价。交易对象的清晰界定对森林生态服务市场的形成和发展起着决定性作用,但是,目前还没有实现这一目标。界定森林生态服务产品须同时符合两个条件:一是必须克服森林生态服务的公共物品属性这个障碍因素;二是要界定的产品必须与所提供的服务相一致(邱威和姜志德,2008)。森林生态服务的公共产品属性和外部性,及森林生态服务的生产在不同时间和空间上的质量差异,是导致目前仍不能明确界定生态市场交易对象的根本原因。目前,国际社会和学术界对森林生态服务产品的定义也各式各样。例如,Porras 和 Landell-Mills 将森林碳汇服务产品划分为经过认证的减排、可转让数量单位、碳补偿或碳信用、减排单位、使用权保护、可交易发展权等。姜志德和邱威将碳汇市场的交易对象定义成碳汇服务证书,如一单位的碳汇服务证书对应 1t 的碳汇量(世界资源研究所,2000)。于波涛和曹玉昆提出建立森林生态服务使用权证交易制度,并将森林生态服务市场的交易对象定义为森林生态服务使用权副证(于波涛和曹玉昆,2011)。

3.5.4　政府

政府在森林生态服务市场的开发和建立中发挥着非常重要的作用。森林生态服务的公共产品特性和外部性导致一种现象的出现，即长期以来，不单是服务的受益方普遍认为不应为享用这种服务付费，服务的供给方也没有意识到应该从他们提供的生态服务中获取任何经济补偿。因此，作为一种全球性的创新机制，森林生态服务市场的开发更需要依赖国际组织的协调配合和各国政府之间的合作。因此，我国政府在森林生态服务市场开发和建设方面的作用主要体现在以下四个方面：第一，广泛参与国际谈判并签署关于保护生态环境的协议；第二，政府应制定符合我国实际国情的市场规则和相应的法律法规，包括明确界定产权并实行严格保护、制定相关法律并加以实施、完善相关体制和积极推行林业政策等，这些问题都是森林生态服务市场创建的先决条件，且单纯依靠私人和市场的力量很难解决，因此，应由我国政府和相关部门提供和解决；第三，通过广泛宣传和教育加深公众对森林生态服务市场的了解，并根据我国实际状况或市场潜力建立适当的交易平台；第四，确保构建的森林生态服务市场符合我国的可持续发展战略。

3.5.5　其他利益相关者

除以上几个重要的市场要素外，森林生态服务市场中还存在非政府组织（NGO）、第三方独立认证机构、经纪公司或中介机构、保险公司以及其他利益相关者群体的参与。这些其他利益相关者的作用也不容忽视，如非政府组织帮助政府教育和引导公众，增强公众的环境意识，推动并帮助政府实施有效的环境政策，对环境行为实施监督；第三方独立认证机构为生态服务提供者出具合格证明，保证生态项目的合格性和生态服务数量的真实性；经纪公司或中介机构为造林提供担保服务、提供专业知识咨询、协助开辟投资渠道以及对森林产生的服务库进行管理等。通常情况下，这些利益相关者的目标和激励、市场的成熟度及可能给他们的行为带来的结果等诸多因素决定了他们参与市场的程度。例如，在市场形成初期，以赢利为目的的中介机构通常会较为谨慎地决定是否进入市场，且一般选择不进入，此时则需要政府或非营利组织等借助各种方式扮演他们的角色进入市场中以促进市场发展。随着市场发育程度和交易确定性的逐渐增强，中介机构就会逐渐取代政府和非政府组织来提供各种服务。

3.6　本章小结

　　森林生态服务市场化是一个创建市场的政策途径，本章首先分析了我国森林生态服务市场构建的可行性和必要性，介绍了市场化现状、森林生态服务体系市场化分类和森林生态服务市场的相关要素，主要包括森林生态服务的需求者、森林生态服务的供给者、交易对象、政府和其他利益相关者，为下面森林生态服务市场运行机制的研究打下理论基础。

4

我国森林生态服务市场运行机制设计

森林生态服务市场运行机制是指构成森林生态服务市场各要素间价格、供求、风险等方面的联系和制约下，形成森林生态服务产品的交易。供求机制连接着市场中的各类主体，是森林生态服务市场运行的前提；交易机制贯穿于整个市场的交易活动，是市场运行的基础；价格机制在市场中发挥着反馈和引导的职能，是市场运行的核心；风险机制联系着市场活动与盈利、亏损、破产之间的关系，越低的市场风险代表越高的市场保障。四种市场机制的交互作用形成市场的均衡，使得森林生态资源配置效率达到最优（图4-1）。为了更好地运行我国森林生态服务市场，下面分别对这四种机制进行分析和设计。

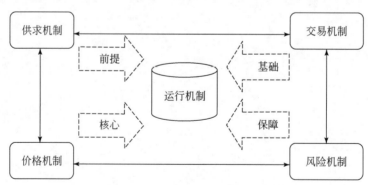

图4-1　森林生态服务市场运行机制设计

资料来源：国家统计局，2010

4.1　供求机制

微观经济学的供求理论表明：供求关系是市场产生的先决条件，供求机制包含需求和供给两个方面。而在现实中总是把考虑的优先权放在需求上，就森林生态服务市场来说，如果存在对生态服务的有效需求，那么其供给自然会产生。而在现实中，非严格意义上的生态服务供给一直存在并不断更新变化着，只是这种供给没被经济学家重视。所以确切来说，至今为止，关于真正意义上的供求机制的研究，无论从理论上还是实践上，还都没有。现在的生态服务市场只是一个松散的、不成熟的市场交易。所以本书下面对森林生态服务市场的供求分析中，是立足于现在，分析未来我国森林生态服务市场的供求机制。

4.1.1 供给分析

森林生态服务的提供者一般是企业和个体，不可否认其一定会追求利润的最大化。森林生态服务作为一种公共物品，人人都可以享用得到，全社会都希望能更多地享用而不需要付出任何代价。然而，如果没有充分的经济激励，森林资源经营者是不会主动提供相应的森林生态服务以实现全社会对森林生态服务（产品）的需求（冷清波和周早弘，2013）。森林生态服务市场化理论的构建和实践赋予了森林生态功能服务应有的经济价值，使其变成了能够在市场上进行交易的货币化商品，这种经济效益的获得会刺激森林经营者增加对生态服务的生产和供给。

与此同时，从供给方面来看，作为理性的森林资源所有者而言，他可以放弃材林和经济林的收益，在森林资源的生产中选用林地，那么在这样的情况下，他可以选择采伐木材、提供森林生态服务或同时选择以上两者的森林经营方式，来使自己获得经济收益最大化。另外，如果没有供给能力，那么森林生态产品与服务的有效供给也无法实现，在缺失合理化交易和没有足够的森林生态有效补偿的情况下，森林经营者很少投资于森林生态服务（产品）中供给量大的类型。我们分析了森林经营行为的因素，研究认为影响森林生态服务供给的主要因素包括森林资源的自然禀赋（包括林分质量、立地条件等）、森林生态服务市场的价格、营林的生产成本、木材的价格和采伐所需要的成本、土地使用的机会成本以及相关政策因素等（刘敏等，2008）。

4.1.2 需求分析

市场形成的先决条件是供求关系的发生，当产品或服务供给大于需求时，市场规模的大小和成长的速度主要由需求增量来决定。而目前森林生态服务发展的主要障碍之一就是对森林生态服务（产品）的有效需求不足或不存在。

我们首先要意识，对于森林生态服务（产品）的需求不是自发产生的，它是在人类认识到环境恶化与生态破坏的关系，社会生态环境保护意识的逐渐加强，明确了森林生态服务在环境保护中所起重要作用的前提下，然后通过国际谈判等形式促成了各种关于生态环境保护的国际公约，因为有了协议条款的制约才出现了各种形式的生态产品交易行为，需求因此而产生。因此，这种需求不是一种自愿需求，它不是理性经济主体通过对生态产品的效用进行评价和分析的基础上产生的，从某种意义上来说，它是一种引致需求。若这种引致需求的动因是国际社会越来越关注全球环境的日趋恶化，将森林生态服务功能赋予了一定经济意义上的价值，并希望借助市场机制实现森林资源的有效配置，达到保护环境的目的。因此，影响森林生态服务需求的因素不仅包括森林生态服务的自身价值，还包括森林生态服务市场中的各种相关规则，具体表现为各种市场制度、森林生态服务的价格以及市场规模的大小。此外，企业的社会责任感、公民的环境保护意识也能对森林生态服务需求产生很大的影响（毛占锋和王亚平，2008）。

供求机制发挥作用的前提条件是供求之间的关系应当是可以灵活变动的，不能将其固定化，另外供给与需求相背离的时间、方向、程度应当是适当的，不能过于强烈。森林生态服务市场的供求机制同样应该符合这一条件，并朝着这一方向进行优化和发展，确保森林生态服务的供求关系在不断的相互作用中取得相对平衡。具体要求是，在供求机制形成的过程中应当尽可能避免政府的直接介入。政府要学会将自身的角色由市场的操纵者转变成为市场的服务者。对生态服务的供给量和需求量应当由供给者和需求者按照自身利益的大小进行决定，而不是依靠政府的行政指令。只有如此，才能促进森林生态服务市场的顺利运行，实现森林生态资源的高效率配置。

在森林生态服务（产品）交易市场的形成过程中，我们需要建立产品的供求平衡、互动发展、信息的对称、互惠互利、合作共赢、可持续发展的供需关系。在有效改善利得的前提下，森林生态服务（产品）的价格会起到调节作用，它可以有效地驱使更多的经营主体参与到森林生态服务（产品）的市场这一交易中来，这些主体包括知名企业、合作社、林农个人以及非政府组织、社区等。从需求方面来说，市场在建立过程中还存在一定的限制因素，主要表现为人们对环境意识的淡薄、缺少受益者参与机制、支付能力与支付意愿低。其中，支付能力与支付意愿低直接促使了森林生态服务（产品）的市场价格走低，当人们的收入较低时，人们自热而然对环境服务的市场需求也随之降低；缺少受益者参与机制，致使需求者误认为森林生态服务（产品）的提供主要是政府的职责，作为一个典型的实例，尽管环境保护问题或森林生态服务（产品）提供问题一直被认为是政府的职责，政府虽然在环境影响评估、环境治理收费等方面发挥着无可取代的地位，但是由于缺少需求者参与机制，导致了很难对森林生态服务（产品）的价格进行准确的测定。

4.2 交易机制

4.2.1 交易机制的构建

4.2.1.1 交易机制构建的目标

大体上，可以将交易机制构建的目标分为总目标和具体目标。总目标是希望构建一套可以适当连接森林生态服务供给者与需求者的生态服务交易机制。具体目标包括三个方面：一是能够吸引越来越多的利益主体参与到森林生态服务市场交易中；二是能够有效连接森林生态服务供需双方，促进森林生态服务交易顺利成交；三是要能够有效降低市场交易成本，提高森林生态服务市场交易效率。

4.2.1.2 交易机制构建的原则

1）市场导向原则

森林生态服务交易是一种通过市场化途径实现森林生态服务价值并进行支付的手段，因此构建市场交易机制时必须遵循市场导向的原则，具体表现为通过市场的内在运行机制促成买卖双方的交易。需要市场对价格进行调节，对森林生态服务交易产品、交易信息及人力资源进行有效配置。

2）交易成本最小化原则

交易成本是由于利益冲突导致的交易双方在商定交易契约时的讨价还价过程中所支出的费用，这种讨价还价过程往往来自于信息不完全或存在不确定性。过高的交易成本可能会阻碍交易的达成，导致不完全竞争的价格。交易成本是决定市场效率及森林生态服务交易能否成功的重要因素，因此，在交易机制构建的过程中，要尽量使交易成本降到最低。

3）多方参与原则

多方参与需要市场各主体进行平等参与和角色分工。市场中的每一个参与主体在交易过程中都发挥着不可缺少的作用，因此，交易的过程中做出的每个决策或制度的每个解决方案，都必须考虑各参与主体是否能够享有平等的参与权、知情权和建议权，并使所有参与主体能够付出较低的成本获得较高的收益。同时，各个参与主体在整个交易过程中扮演的角色不同决定了其承担着不同的责任和发挥着不同的作用，因此有必要对他们进行合理的分工。

4）循序渐进原则

森林生态服务交易市场同其他市场一样，有一个逐渐发展成熟的过程。鉴于中国的生态服务交易市场才刚刚起步，人们对森林生态服务功能及其产品的认知程度还不是很高，需求方的界定还不是很明确，森林生态服务计量标准和技术还不够成熟等一系列问题还尚未解决，森林生态服务交易机制构建必将是循序渐进的过程，需要政府的政策引导、分步实施。

4.2.1.3　交易机制的构建

根据 3.5 节对森林生态服务市场的要素分析，这里将从森林生态服务交易主体要素、交易客体要素（交易对象）、森林生态服务交易平台三方面内容构建连接供给者和需求者的森林生态服务交易机制，如图 4-2 所示。

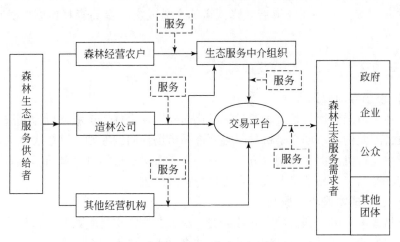

图 4-2　森林生态服务交易机制构建

资料来源：国家统计局，2010

森林生态服务交易机制的关键要素是交易的双方，包括森林生态服务供给者（森林经营农户、造林公司和其他经营机构）和森林生态服务需求者（企业、政府、公众和其他团体），交易对象是经过核实认证的森林生态服务产品，如森林生态服务使用权证。森林生态服务（产品）交易发展前景十分好，有着巨大的潜在市场。随着经济的飞速发展，我国人民生活水平也在逐步提高，建立适宜的森林生态服务（产品）交易平台就显得尤为重要，它作为一个桥梁，主要是连接了森林生态服务供给者和森林生态服务需求者。目前，针对森林生态服务（产品）交易平台建设进行深入的研究，表明有两种较为常用的交易平台。

第一种是封闭式的交易平台。封闭式交易平台也被称作是私人的交易平台，指在森林生态服务（产品）受益方与提供方（森林经营者）之间进行交易时，实行的一对一、面对面的交易方式，这种交易方式是相对封闭的一种私人的交易平台。通常把这种交易平台限定在一定的范围和透明度内，主要依靠产权的明晰和机制的可操作性来保障实施。

第二种是开放式的交易平台。开放式的交易平台是在森林生态服务（产品）已成为可自由交易的商品的阶段后才会真实有效，一般情况来讲，政府是森林生态服务（产品）无形市场交易平台建立的主要推动力量。它的成本由政府公共财政承担，在某些特定的时期，也会引入一些民间资本进行参与，从而为森林生态服务（产品）交易创造了软环境。如今，在世界主要国家政府和组织的推动下，国际碳贸易已成为一个典型。开放式的交易平台有力地促进了碳市场的发展，这一市场价值约为数百亿美元。

在市场创建初期，需要中央和地方政府共同合作组建中介组织及搭建生态服务交易平台，通过对国家和地方级林业局相关部门进行挂靠或建立一些专门的交易所，负责登记交易双方的信息、提供产品信息服务等实现森林生态服务（产品）的交易；市场发展到一定的程度之后，就可以委托一些有资质的中介公司或咨询公司来提供相关服务（如咨询、登记、认证、融资、保险等），为了确保交易有秩序地进行，需要政府构建森林生态服务交易平台，制定相关制度和规则规范交易行为，且有必要开发基于互联网的电子交易平台。

4.2.2 交易方式

4.2.2.1 交易的具体方式

森林生态服务（产品）的交易与有形商品市场的直接交易有很大的不同，森林生态服务交易机制构建中需要研究的一个关键问题就是森林生态服务应以何种方式进行交易。从目前国内外实践情况看，森林生态服务市场交易涉及的范围很广，交易形式各种各样，但从市场化程度来看交易方式可以划分为以下四种（杨开忠等，2002）：

1）私人直接交易方式

在这种交易方式下，森林生态服务的受益方与提供方之间可以进行直接支付，且交易双方基本上是确定的，仅存在一个或较少几个潜在的需求方，如某城市市政供水站、某水力发电企业、某特殊用水企业（如矿泉水公司、酿酒公司）、某灌溉区等；同时只有一个或较少几个潜在的供给方，如某一个中小流域。交易双方通过直接协商和谈判或通过聘请中介组织进行协助，确定交易的条件、数量及价格。该中介可能是咨询公司、政府部门或是非政府组织。典型的案例，如哥斯达黎加的水电公司、法国瓶装水公司等。

2）开放式贸易交易方式

这种交易方式主要是针对已经标准化、可计量的森林生态服务（产品）通过搭建的贸易平台式的方式进行支付。开放式贸易一般出现在某些计划的限额交易中，交易的前提是政府要对某项资源的利用规定好需要达到的环境标准，没达到标准和超标的部门之间可以对环境标准进行开放式交易（李怒云等，2008）。与其他交易方式相比，开放式贸易更接近于有形商品市场交易支付，但是在中国这种方式几乎还不存在，需要国家通过对法律法规进行调整，搭建森林生态服务的市场交易平台（市场体系和交易制度）来实现，该市场是中国需要大力发展和开拓的领域之一。

3）公共支付方式

根据公共化的程度，可以将公共支付分为中央政府支付和地方政府支付，中央政府支付主要针对的是森林生态服务受益主体不明确，基本上是全社会共同受益的公共产品，政府运用财政支付方式对森林生态服务效益进行的一种生态补偿。一般通过建立专门的生态效益补偿项目基金的形式进行支付。例如，美国的生态环境保护区计划、中国针对长江中上游地区的森林生态效益补偿基金、退耕还林项目基金等。地方政府支付针对的是一个相对较为明确的区域内的森林生态服务的受益主体，由该区域内地方政府通过财政转移支付的形式对森林生态服务效益进行补偿。例如，相对于其他服务，森林水文服务的受益主体就相对明确，流域上游区域的森林经营者由于进行生态保护限制了自身产业的发展，下游地区的受益者应该对上游地区经营者进行生态效益补偿。但是，由于流域的影响范围较为广泛，经营者和受益者众多，没有办法进一步明确受益主体，就需要通过区域内各地方政府之间的财政转移进行森林生态服务效益支付，地方政府再将生态效益进一步补偿给森林经营者。

4）生态标签方式

生态标签实际上是对森林生态服务产品的一种间接支付。如消费者愿意花相对较高的价格购买经过认证的、以可持续生产方式采伐的木材及其产品；市场上经认证的、以环境友好方式生产的有机农产品的价格也相对高一些。调查得出，美国消费者愿意为以每磅多花费近 1 美元的价格来购买经认证且是以环境友好方生产的咖啡。消费者愿意以这种生态标签的方式为森林生态服务进行付费，因此，生态标签交易进行的关键在于要建立起消费者信赖的国际认证体系。

4.2.2.2 交易方式的选择

森林生态服务的多样化决定了要选择不同的交易方式，具体选择哪一种支付方式在很大程度上受某一特定的森林生态服务的特点和性质、供给者与需求者的人数及其对应关系等因素的影响。当森林生态服务供给者与需求者的数量很少，且相互之间的关系明确而直接时，就会选择私人直接交易支付方式。例如，一些水力发电公司与上游林区森林经营者之间的具有明确的受益关系，森林水文服务价值量的大小也很容易计算得出，能容易确定出支付价格和金额，那么私人直接支付方式是最有效可行的。开放式交易方式适用于相对存在大量且不确定的交易主体，进行交易的对象是被标准化为能够进行分割和交易的单位，如碳信用单位。这种方式能够降低交易成本，提高交易完成质量和效率；如果服务范围较大且受益主体众多，森林生态服务（产品）难以进行量化分割和交易，那么公共支付是较为合适的交易方式；如果服务认证体系较为完善且可信度较高，那么森林生态服务（产品）就可以借助普通市场通过生态标签的形式完成交易，如维持生物多样性服务。具体的交易方式选择，见表4-1。

表4-1　森林生态服务交易方式选择

适用条件	私人交易	开放式贸易	公共支付	生态标签
森林生态服务的需求者少，且较明确，提供者可控制的一定范围内	适宜			
森林生态服务是被标准化为能够进行可分割和交易的商品，已建立起市场交易体系和规则		适宜		
森林生态服务的受益者众多，生态服务的提供者众多			适宜	
能为生态环境友好的方式生产出来的产品提供可信的认证服务				适宜

资料来源：国家统计局，2012

4.2.3 交易价值量

森林生态服务市场的创建，使得森林生态服务（产品）成为生态服务市场的交易对象。但是森林生态服务系统所提供的服务是多样的，且这些服务量化标准是不一样的，怎样将其价值进行统一量化，然后确定其价格，在森林生态服务市场上进行交易至关重要，因此，森林生态服务交易价值当量的确定成为了市场交易的关键。森林生态系统具有涵养水源、保育土壤、固碳释氧、营养物质积累、净化大气、森林防护、生物多样性保护和森林游憩等多种服务功能。对于森林生态服务交易价值量的评估和研究早在 20 世纪 90 年代就开始了，也相继出现了很多方法，如实际市场法、替代市场法和假想市场法等，但是目前仍未建立一套完整的森林生态服务价值量计量的理论和方法，本书参照由国家林业局 2008年发布并实施的《森林生态系统服务功能评估规范》，对我国森林生态服务市场交易的森林生态服务价值量进行确定，见表4-2。

表 4-2　森林生态服务产品交易价值当量的计算

产品交易价值量	生态功能	计算公式	参数说明
涵养水源价值	调节水量价值	$U_m = 10C_V A(P - E - C)$	U_m 为林分调节水量价值（元/a）；P 为降水量（mm/a）；E 为林分蒸散量（mm/a）；C 为地表径流量（mm/a）；C_V 为水库建设单位库容投资（元/m³）；A 为林分面积（hm²）
	净化水质价值	$U_{wq} = 10KA(P - E - C)$	U_{wq} 为林分净化水质价值（元/a）；K 为水的净化费用（元/t）
固碳释氧价值	固碳价值	$U_C = AC_C(1.63R_C B_a + F_{SC})$	U_C 为林分固碳价值（元/a）；B_a 为林分净生产力 [t/(hm² · a)]；C_C 固碳价格（元/t）；R_C 为 CO_2 中含碳量，为 27.27%；F_{SC} 为单位面积林分土壤年固碳量 [t/(hm² · a)]
	制氧价值	$U_O = 1.19C_O AB_a$	U_O 为林分释氧价值（元/a）；C_O 为氧气价格（元/t）

产品交易价值量	生态功能	计算公式	参数说明
保育土壤价值	固土价值	$U_{sm} = AC_s(X_2 - X_1)/\rho$	U_{sm} 为林分固土价值（元/a）；X_1 为林地土壤侵蚀模数（t/hm^2·a）；X_2 为无林地土壤侵蚀模数（t/hm^2·a）；C_s 为挖取和运输单位体积土方所需费用（元/m^3）；ρ 为林地土壤密度（t/m^3）
	保肥价值	$U_f = A(X_2 - X_1)$ $(NC_1/R_1 + P_sC_1/R_2 + K_sC_2/R_3 + M_sC_3)$	U_f 为林分保肥价值（元/a）；N 为林分土壤含氮量（%）；P_s 为林分土壤含磷量（%）；K_s 为林分土壤含钾量（%）；M_s 为林分土壤含有机质量（%）；R_1 为磷酸二铵化肥含氮量（%）；R_2 为磷酸二铵化肥含磷量（%）；R_3 为氯化钾化肥含钾量（%）；C_1 为磷酸二铵化肥价格（元/t）；C_2 为氯化钾化肥价格（元/t）；C_3 为有机质价格（元/t）
营养物质积累功能价值	—	$U_n = AB_a(N_tC_1/R_1 + P_tC_1/R_2 + K_tC_2/R_3)$	U_n 为林分营养物质积累价值（元/a）；N_t 为林木含氮量（%）；P_t 为林木含磷量（%）；K_t 为林木含钾量（%）
净化大气功能价值	滞尘价值	$U_{dc} = K_{dc}Q_{dc}A$	U_{dc} 为林分滞尘价值（元/a）；K_{dc} 为降尘清理费用（元/kg）；Q_{dc} 为单位面积林分滞尘量 [kg/(hm^2·a)]
	吸收污染物	$U_i = K_iQ_iA$	U_i 为林分吸收污染物价值（元/a）；K_i 为污染物治理费用（元/kg）；Q_i 为单位面积林分吸收污染物量 [kg/(hm^2·a)]；i 为二氧化硫、氟化物、氮氧化物等
生物多样性保护价值	—	$U_s = S_sA$	U_s 为林分物种保育价值（元/a）；S_s 为单位面积物种损失的机会成本 [元/(hm^2·a)]

资料来源：国家统计局，2012

4.2.4 森林生态服务交易补偿的博弈模型研究

4.2.4.1 森林生态交易补偿的囚徒困境

博弈论分析主要包括七部分,分别是参与人、行动、信息、战略、支付函数、结果和均衡。其中参与人、行动和结果统称为博弈规则。博弈分析的目的是使用博弈规则决定均衡。囚徒困境(prisoner dilemma)博弈理论是指,当两个嫌疑人作案后被警察抓住,并被分别关在不同的房间里受审讯时,所面临的选择问题。首先,警察知道两人有罪,但因缺乏足够的证据而不能给两人定罪,因此,就需要两人当中至少有一个人坦白,方可定罪。警察所采取的策略是:在两人都不承认的情况下,每人都将以轻微犯罪判刑1年;在两人都坦白的情况下,分别判刑8年;但当两人中有一个人坦白,另一个人抵赖时,坦白的将会被无罪释放,而抵赖的将会被判刑10年。因此,每个嫌疑犯都将面临四个可能的后果:获释、被判刑1年、被判刑8年、被判刑10年。在这一博弈过程中,坦白或抵赖是每个囚徒可以选择的战略。显然,从自身角度出发,不论同伙的战略选择是什么,对于囚徒本身来说,最优战略是"坦白"。即当 Y 选择坦白,而 X 也选择坦白时,支付为-8,选择抵赖时,支付为-10,因而,对于 X 来说,坦白比抵赖好;当 Y 选择抵赖,而 X 选择坦白时,支付为0,选择抵赖时,支付为-1,因而,对于 X 来说,坦白还是比抵赖好。因此,我们可以知道"坦白"是囚徒 X 的占优战略。同理,"坦白"也是 Y 的占优战略。如图4-3所示。

囚犯 Y

	坦白	抵赖
坦白	-8, -8	0, -10
抵赖	-10, 0	-1, -1

囚犯 X

图4-3 囚徒困境的支付矩阵

森林生态交易补偿的囚徒困境也是同样的原理。假设在同一森林山区,有森林生态产品供给方和森林生态产品使用方,假定为了加强森林生态保护建设,参与森林生态治理与管护需要付出10单位成本。当两个主体都参与到加强森林生态保护与建设,参与森林生态治理与管护这一活动中时,分摊治理与管护成本,那么,每个人可以得到3单位效益;如果加强森林生态环境保护与建设,参与森林生态治理与管护,则森林生态产品供给方与森林生态产品使用方都可以从中得到如碧蓝的天空、茂密的森林、清洁的水源、清新的空气、政府补偿资金等，这里假定其效用为 4 单位，否则将失去这些成果，这里假定其因森林生态破坏而遭受损失的效用为 -8 单位。森林生态产品供给方与森林生态产品使用方的支付如图 4-4 所示。

	森林生态服务供给方	
	不参与治理与维护	参与治理与维护
森林生态产品使用方	$-8,\ -8$	$4,\ -6$
	$-6,\ 4$	$3,\ 3$

图 4-4　森林生态交易补偿的囚徒困境

在囚徒困境理论的基础上，我们知道当双方都有"占优策略"时，都将会采取"占优策略"，这就是平衡项，即"占优策略"均衡。这里的不参与治理与管护策略，是双方的"占优策略"，因此，我们得到了森林生态交易补偿的囚徒困境。

4.2.4.2　森林生态交易补偿的智猪博弈

智猪博弈（boxed pigs）的理论是指，在一个猪圈里，共圈着一大一小两头猪，在猪圈的一头安放了一个猪食槽，在另一头安装了一个按钮，这个按钮可以有效地控制着猪食的供应。只要按一下按钮，那么 8 个单位的猪食就会进入猪食槽，但需要支出 2 个单位的成本。下面有三种情况：第一种情况是大猪先到，大猪可以吃到 7 个单位，而小猪只能吃到 1 个单位；第二种情况是小猪先到，大猪和小猪各自吃到 4 个单位；最后一种情况是，两头猪同时到，大猪吃到 5 个单位，小猪吃到 3 个单位。这里，有两种战略供每头猪选择：按或者等待。图 4-5 中，列出了对应不同战略组合下的支付矩阵，如第一格表示大猪和小猪同时按按钮，所以它们会同时走到猪食槽，大猪吃到 5 个单位，小猪吃到 3 个单位，扣除 2 个单位的成本，所需的支付水平分别为 3 个单位和 1 个单位。

	大猪	
	按	等待
小猪　按	$1,\ 3$	$-1,\ 7$
等待	$4,\ 2$	$0,\ 0$

图 4-5　智猪博弈的支付矩阵

由图 4-5 可知，智猪博弈没有占优战略均衡，因为小猪的占优战略是"等待",但是大猪没有占优战略。大猪要想达到最优战略,必须得到小猪的配合:如果小猪的战略是选择"等待",那么大猪的最优战略必须选择"按";反之,如果小猪选择"按",大猪的最优战略是"等待"。因此,我们通过占优战略无法找出均衡点。

在这一理论中,我们假定小猪是理性的,小猪的最优战略不会是选择"按",因为,不论大猪做出什么样的选择,小猪选择"等待"严格优于"按",所以理智的小猪必定会选择"等待"。反之,我们假定大猪得知小猪的理性选择,那么,大猪会精准的预测到小猪会选择"等待"这一战略,大猪的最优选择只能是"按"。这样大猪的战略是选择"按",小猪选择"等待",支付水平分别为2个和4个单位,才能使得这个博弈唯一达到均衡。

假设在同一环境中,森林的生态交易双方,即森林生态产品供给方和森林生态产品使用方,森林生态产品供给方的经营规模、收入状况和森林面积等经济情况要优于森林生态产品使用方,如果加强森林生态保护与建设,双方都参与对森林生态的治理与管护,则双方都可以从中得到清洁的水源、蔚蓝的天空、清新的空气、茂密的森林、政府补偿资金等效益,但是双方的经济情况(特别是森林面积等)不同,一般来说,良好的森林生态环境和人的收入成正比,其产生的效益相对也就更大,加强森林生态保护与建设需要花费2个单位的成本,则森林生态产品与服务交易双方森林生态产品供给方和森林生态产品使用方的支付如图4-6所示。

	森林生态服务使用方	
	不参与治理与维护	参与治理与维护
森林生态产品供给方	3, 1	2, 4
	7, −1	0, 0

图4-6 森林生态交易补偿的智猪博弈

在找出上述森林生态交易补偿的智猪博弈的均衡解时,我们首先假定存在,找出某个参与人的劣战略,把这个劣战略去除掉,与此同时重新构建一个不包含已剔除战略的新的博弈;然后在这个新的博弈中,剔除某个参与人的劣战略;继续重复这个过程,直到只剩下唯一的战略组合为止。对于在森林生态交易补偿中的智猪博弈的均衡解问题,森林生态产品供给方的经济情况较好,其花钱参与森林生态治理与管护,而森林生态产品使用方的经济情况较弱,他不必参与就可以得到效用。这就是智猪博弈中,首先去除掉小猪的劣战略"按",而后形成的新的博弈中,小猪的战略是"等待",而大猪却仍有两个战略,但是对于大猪而言

"等待"已成为劣战略,这证实了在其他相关条件不变的情况下,经济好的一方应该承担森林生态管护的主要责任。这就会形成一种均衡,即"多劳并不能多得,少劳也不会少得"的均衡,究其最终的原因还是经营规模较小者在此有机遇。

4.2.4.3 森林生态交易补偿的斗鸡博弈

斗鸡博弈(chicken game)的最基本原理是,想象两个人举着火棍进行火拼,要求从独木桥的两端走向中央,每个人都有两种选择战略:一是继续前进;二是退下阵来。如果两人都选择继续前进,那么结果就是两败俱伤;如果这时一方选择前进,而另一方选择退下来,那么,前进者取得胜利,退下来的将会很没面子;如果两人都选择退下来,两人都会很丢面子。支付矩阵如图4-7所示。

<table>
<tr><td></td><td></td><td colspan="2">决战一方</td></tr>
<tr><td></td><td></td><td>进</td><td>退</td></tr>
<tr><td rowspan="2">决战另一方</td><td>进</td><td>-3, -3</td><td>2, 0</td></tr>
<tr><td>退</td><td>0, 2</td><td>0, 0</td></tr>
</table>

图4-7 斗鸡博弈的支付矩阵

该博弈中也有两个纳什均衡:如果一方进,另一方的最优战略就是退。两人都进或都退都构不成纳什均衡。

森林生态交易补偿,可以作为社会公共产品的供给方,与斗鸡博弈问题的原理是相通的。设想在同一地区中居住 A 与 B 两户人家,现在有一片森林需要进行生态的治理与管护,假定参与森林生态的治理与管护需付出 6 单位成本。当两户人家都参与对森林生态保护与建设及森林生态的治理与管护这一活动中时,双方收支将相抵,每个人可以得到 0 单位效益;当两户人家都不参与到这一活动中时,结果是都将遭受 3 单位损失;当一家参与,而另一家不参与时,结果是参与方的收益是 0,而未参与方将会得到 2 单位净收益。一般来讲,公共产品的供给可能是囚徒博弈,也可能是智猪博弈,还有可能是斗鸡博弈,这要依具体产品而定。两户人家 A 与 B 支付矩阵如图4-8所示。

这个博弈过程中,存在两个纳什均衡,在一方参与治理与管护的前提下,另一方的最优战略就是不参与治理与管护,即当 A 选择参与时,B 就选择不参与;A 选择不参与时,B 就要选择参与。当两人同时选择参与或不参与的情况下,不能实现纳什均衡。

		B	
		不参与治理与管护	参与治理与管护
A	不参与治理与管护	-3, -3	2, 0
	参与治理与管护	0, 2	0, 0

图 4-8　森林生态交易补偿的斗鸡博弈

4.2.4.4　森林生态交易补偿的静态博弈

纳什均衡指的是完全信息静态博弈解的一般概念。山区的环境保护与森林生态资源的进程，是提供环境公共产品给山区和平原地区的过程，良好的森林生态资源环境属于公共产品的范畴，不管是山区居民还是平原居民，都会因森林生态环境的保护、森林生态环境质量的改善而有所受益。然而该公共产品的供给需要山区居民做出一定的努力，它需要居民加强森林生态环境的保护，尤其是要通过退耕还林、退耕还草等手段来提供该公共产品。假设甲为承担森林生态环境保护的山区居民，乙为享受森林生态环境功能价值的平原居民，这里，山区居民承担森林生态环境保护工作，并且提供森林生态公共产品。设甲提供的公共产品为 g_1，乙提供的公共产品为 g_2。与此同时，我们假定参与人双方对彼此的战略空间和支付函数等都有充分的了解，"静态"指的是所有参与人同时选择行动，并且只选择一次。强调一下，"同时行动"是一个信息概念，并不是我们日历上的时间概念。只要一方参与人在选择自己的行动时不知道其他参与人的选择，这就叫作同时行动。此时，双方的最大化效用函数为

$$g_1^* = f_1(M_1, g_2^*)$$
$$g_2^* = f_2(M_2, g_1^*) \tag{4-1}$$

式中，M_1 为甲方收入水平；M_2 为乙方收入水平。

由式（4-1）可以看出，两个反应函数的交点就是纳什均衡，即 $g^* = (g_1^*, g_2^*)$。若假定的条件为真，那么森林生态产品供给方和森林生态产品使用方的最优策略点（均衡条件）为森林生态产品供给方和森林生态产品使用方提供相同数量的森林生态公共产品，即

$$g^* = (g_1^*, g_2^*) = \left(\frac{\beta}{2\alpha + \beta}\frac{M}{P_G}, \frac{\beta}{2\alpha + \beta}\frac{M}{P_G}\right) \tag{4-2}$$

式中，P_G 为均衡价格；α，β 为常量。

由于我国经济发展不平衡，城乡之间的收入差距大，而广大的山区作为生态屏障与重点生态保护地，一直是我国经济水平比较落后的不发达地区，山区居民

与平原居民，特别是经济发展水平较发达的东部沿海地区和大城市的居民与山区居民收入水平相差很大，当二者的收入严重失衡时，纳什均衡的结果也会有所差异。

下面我们做一个假设的案例，把承担森林生态环境保护的山区居民的收入水平为 M_1，而享受森林生态环境功能价值的平原居民的收入水平为 M_2，$M_2 > M_1$。这种情况下，承担森林生态环境保护的山区居民相对应的反应函数为 f_1（M_1，g_2），纳什均衡点为 $g_1^* < g_2^*$。也就是说，博弈中的纳什均衡指的是提供森林生态公共产品属于高收入者的范畴，而低收入者只会坐享其成，他们承着担森林生态两难境地，这实质上也体现了智猪博弈模型的具体应用。这一模型的纳什均衡结果为

$$g^* = (g_1^*, \ g_2^*) = \left(0, \ \frac{\beta}{\alpha + \beta} \frac{M_2}{P_G}\right) \tag{4-3}$$

综上所述，森林生态交易补偿中具体研究了囚徒困境、智猪博弈、斗鸡博弈与静态博弈这四种模型，我们在制定森林生态交易补偿政策的前提是确保这一切活动都处在纳什均衡点上，只有这样，政府的宏观调控政策就能发挥其积极的作用，否则，政府只能通过强制力来保障实施。

我国目前正在制定森林生态环境补偿机制，它是一项森林生态保护与治理的成本，它主要是从经济发达的平原地区去补偿经济欠发达的山区人口和相应的政府。在现实操作中，我们可以给经济发达地区和经济欠发达地区进行合理的分工。经济发达的平原地区，应该承担森林生态环境保护与治理成本，主要通过森林生态补偿支付，即经济发达的平原地区为经济欠发达的森林山区的森林生态环境保护、治理提供资金与物质补偿。经济欠发达的森林山区主要提供森林生态环境功能的公共产品。

4.3 价格机制

从某种意义上来说，市场运行机制就是价格机制，价格与市场的关系是最紧密的，价格机制是市场运行的核心机制。价格机制指的是价格的形成过程及运行的基本规律，以及人们如何运用该规律进行价格调控、参与经济活动的方式。具体表现形式是在市场机制运行过程中，价格与供需之间的相互影响和相互作用的关系——市场的供需关系共同决定价格，同时价格又反过来调节供求关系从而达到资源配置的均衡状态。森林生态服务市场是一个私人提供公共物品的市场，森林生态服务作为一种新产品，进行市场交易的前提就是要为森林生态服务产品确

定合理的价格，为森林生态服务进行价格确定是我国目前森林生态服务市场机制有效运行最为关键的问题。

从现实情况看，森林生态效益补偿强度的大小直接决定了森林生态服务（产品）的定价，其主要由三部分构成，分别是森林生态效益补偿具体内容、森林生态效益计算、森林生态效益补偿额度。目前，从理论学术研究的角度出发，对森林生态效益补偿提出了三种主要观点：一是关于资金投入问题，实现对森林生态系统的生态效益的后续补偿；二是关于对主体环境经济行为的生态效益进行补偿，实现机会成本；三是计算出原始投资成本和社会无风险报酬、机会损失和土地价值，并对其进行补偿。在实际问题处理中，森林生态效益的价值很难精确计算，因此，在解决森林生态服务（产品）的定价这一问题时，要遵循现实需要与操作可行两者相结合，限制与激励相结合的原则，做到因地制宜、分类指导，制定科学合理的措施，分步推进，相对合理地确定补助标准。

一般来讲，合理的转让价格是森林生态服务（产品）所必须具备的，因由生态效益这种特殊产品的性质所决定，其供给价格的实质是其产品在不同的产权主体之间的让渡，价格的高低对森林生态服务（产品）供给的质量和数量产生直接影响，因此，形成合理的价格形成机制显得非常重要。

我们要从以下两方面考虑：一方面要尽快形成合理的森林生态效益补偿思路；另一方面森林生态效益补偿要把握适度的地域差异。在理论学术研究的基础上，对于应该如何实现对森林生态效益的补偿，存在着三种不同的思路与方式，即效益补偿、价值补偿与成本补偿。然而，这三种观点与看法无论是在操作性、战略性，还是理论性与实践性上都并不统一。通常情况下，由于存在着所有权或经营权的差别，对于某一具体区域的天然林来说，是否采取因地制宜的补偿办法，已经成为相关学者关注的焦点。同时，人工生态林补偿标准的确定方法，也同样存在意见不统一的情况，能否按照同一区域内相同条件下经济林的价值进行补偿也是未知数。在把握地域差别方面，由于自然条件，经济社会发展水平，各地在生态公益林的造林、抚育、管理的成本等诸多方面的不同，因此，导致其价值构成不能实现统一，存在一定的差异，因而，为了制定出科学合理的补偿标准，需要综合考虑南北方公益林的实际经营成本。

4.3.1　森林生态服务定价的基本特征

森林生态服务产品的特殊性决定了其价格确定与一般产品的定价不同。无论从定价目标的制定还是从定价方法的选取来看，都有其独特的一面。

1）森林生态服务定价的目标

定价是一种运用科学、合理的方法为商品进行价格确定实现资源有效配置的过程。英国著名经济学者肯尼思·巴顿曾经指出，价格确定的关键是能否实现预期目标，而不关乎价格的正确与否。森林生态服务的公共物品属性决定了其价格确定要站在公平性的角度考虑，不仅考虑国民整体的支付能力，更要注重实现社会福利及资源的共享性。如果仅从经济效益角度考虑，更倾向于运用市场供求关系进行定价，通过市场自由配置资源的手段达到提高产品经济效益的目的。因此，森林生态服务定价的根本目标就是如何实现公平与效益的均衡。公平与效益的均衡的具体表现就是两者结合所达到的一种最佳和谐状态，即在满足社会对公平性要求的同时，确保市场效益的最大化，这种和谐状态也是实现帕累托最优均衡状态的一种表达形式。

2）森林生态服务的传统定价方法及其局限性

传统的森林生态服务定价方法一般参照了自然资源的定价方法，并结合森林生态服务特殊性与实际操作的可行性，通过对森林生态服务功能价值进行核算，进而确定森林生态服务的价格，其方法及其优缺点见表4-3。

表4-3　森林生态服务的传统定价方法

定价方法	涉及变量	优缺点	适用范围
造林成本法	培育成本、经营成本、森林保护成本等	优点是方法简明，直接反映商品价值。缺点是统计成本工作繁杂，需要进行价值贴现，如果对所有的森林资源都用该方法估价，则违背了国民核算中区分人造资产和自然资产的原理	适用于成本划分明确、能够较准确量化的情况
边际成本法	直接消耗成本、使用成本、外部成本等	优点是综合考虑了资源与环境，是对传统资源经济学中忽视资源使用引发的环境代价及后人和受害者的利益影响的弥补。可以作为判断有关生态环境保护的政策实施是否合理的有效依据，如投资、管理、税费、补偿标准以及资源的价格等。缺点是要把所有成本划分为固定成本和变动成本，而实际操作中有时很难进行准确划分	是费用-效益分析法的重要组成部分，经常被用于评估某些资源应用的社会净效益不能被直接估算的情形，如生物多样性价值量评价

续表

定价方法	涉及变量	优缺点	适用范围
蓄积量转换法	林木蓄积量、生长量、枯损量和采伐量	优点是从供需角度，在约束条件下计算其生长规律并预测趋势，从而得出最优价格。缺点是由于森林资源清查每5年进行1次，得到的数据少且分散，不能准确反映森林实际生长特点的动态趋势，转换系数不能确定，没有虑社会、经济发展对价值量的敏感度	适用于森林碳汇的价值量估算
成本效益法	人工生产等价值量生态服务的成本	避免直接运算的困难，采用间接方式衡量经济效益，计算出来的成本和收益都是有形的，而实际上还存在很多无形的成本和收益，如机会成本，且这些成本难以量化	该方法除要考虑影响林业项目本身的各种因素外，还要考虑时间、风险及各种不确定的因素，使用具有局限性
影子价格法	项目或工程造价、有效期、折现率、工程的其他额外费用等	优点是能够反映资源的稀缺程度，提供了正确的计量标准和价格信号，使价格的确定依据从主观评价转变为客观制约的标准。缺点是它所反映的森林资源的稀缺度和森林资源与经济效益之间的关系，不是真正上的市场稀缺，因此，通过线性规划求解获得的森林资源影子价格并不能取代市场价格，只是一种替代性的表现	该方法在很多研究中被频繁使用，而且对于森林资源定价比较适用
条件价值法	人们对森林生态服务功能的支付意愿	优点是便于结构化和规范化地设计问卷，能够很好地进行数据分析并筛选出影响因素。缺点是评估依据是人们的主观判断而不是市场行为（假想市场），结果由于受很多因素的影响导致偏离实际价值量；此外，需要进行大样本的数据调查，费时费力	适用于还没有形成实际市场或替代市场交易和交易价格的生态系统服务的价值评估，如森林生物多样性保护等

资料来源：国家统计局，2009

森林生态服务交易价格是对森林生态服务价值的货币化体现。传统的价格方法计算仅仅反映了森林生态资源的近似替代成本，但不是森林生态资源的真实成本和完全成本，更不是经济学意义上的价格。因此，从经济学上讲存在明显的缺陷。这些方法一般只考虑了森林生态服务的功能价值，更倾向于其功能价值的定价，并没有考虑引入市场机制后，市场价格的波动和市场参与主体的行为选择两者之间的相互影响，不能及时反映实际市场价格的变化。在产品进入市场进行交易时，交易双方并不会被动接受上述定价方法确定的价格，而是基于自身效用最大化，通过供给关系的变化和影响形成交易价格。因此，我们可以说，森林生态服务的价格是市场价值规律运行的结果。一般只考虑了森林生态服务的功能价值，更倾向于其功能价值的定价，并没有考虑引入市场机制后，市场价格的波动和市场参与主体的行为选择两者之间的相互影响，不能及时反映实际市场价格的变化。

4.3.2 森林生态服务定价中的博弈模型研究

4.3.2.1 森林生态服务交易博弈的可行性

博弈论研究的是，当决策主体的行为之间相互发生直接作用时，决策主体怎样进行决策及这种决策下所达到的均衡。进行博弈论研究的前提条件是：在相互影响的环境或规则下，决策主体很清楚自己的目标和利益，并在博弈过程中总是采取使自身效益最大化的策略。森林生态服务是人们为了保护生态环境、维护人类可持续发展，对森林生态系统功能赋予一定价值的基础上产生的，而森林生态服务市场的建立使得森林生态服务转化成了可以进行交易的市场产品，从某种意义上来说，森林生态服务是一种具有特殊性质的商品，那么森林生态服务市场的运行必然要遵循市场经济的价值规律，即其价格应当在交易过程中通过交易主体双方相互协商和博弈自发地形成，且具有较强的灵活性和不稳定性，时间和区域的不同对价格的影响较为显著，较强地体现了交易双方的意愿。而实际上，森林生态服务产品的价格应该由政府、供给者和需求者三者共同协商决定，而他们之间又存在着直接的相互作用，政府追求的是社会效益最大化，供给者追求的是经济效益的最大化，而需求者追求的是价格的最小化，每个决策主体的选择都会对其他主体的选择造成影响，满足进行博弈研究的前提条件（陈宜瑜和傅伯杰，2011）。因此，本书将博弈定价方法引入到森林生态服务产品的定价过程中，试图通过决策主体之间的相互博弈，使得森林生态服务产品能够以合理的价格进行交易，真正的实现社会效益与公平的均衡。

4.3.2.2 森林生态服务定价的博弈主体及其关系

运用博弈对森林生态服务进行定价，首先要分析森林生态服务定价中的利益相关主体，并确定他们之间的关系、特点及利益要求。根据前文对森林生态服务市场构成要素的分析可知，博弈决策主体主要包括政府、森林生态服务的供给者、需求者、竞争者、非政府组织、中介机构、保险公司等。因此，为了避免涉及参与主体过多而造成研究问题的复杂性，特选取政府、供给者和需求者三个主要的决策主体进行研究分析，由于各参与主体在森林生态服务产品定价过程中的地位、角色和目标的不同，导致其博弈行为、博弈目标和策略也不尽相同。本书尝试立足于森林生态服务产品定价过程的角度，对这三个主要参与主体行为及其相互关系进行描述性分析。

1）政府

政府在森林生态服务定价过程中发挥着特殊作用，具体如下：

(1) 政府是森林生态服务定价的管制主体。它会衡量交易双方的利益关系制定森林生态服务的价格。政府在进行价格管制过程中，不仅要考虑需求者的支付能力和支付意愿，避免因价格过高产生消极支付的问题；又要确保供给者有充足的收益来维持森林经营的持续供给能力和满足自身的追求经济效益的目标。因此，在森林生态服务产品定价中，政府发挥着价格管制的作用。

(2) 政府是森林生态服务的投资者。政府从社会发展的整体利益出发，对森林生态服务供给者进行生态补偿，且在整体上调整森林资源在满足不同层次、类型的服务产品需求中的配置率。因此，政府应该考虑我国的实际国情，运用成本分担理论，不断加强森林生态服务定价管理，使政府、供给者、需求者合理分担森林生态服务成本与责任。

(3) 政府是森林生态服务的投资收益主体。森林生态服务的供给具有一定的公益性，旨在保护社会生态环境、促进社会稳定、可持续发展。政府是整个公共受益主体的代表，其收益尽管很难用具体数字进行衡量，但其潜力是很大的。因此，在森林生态服务定价机制中，政府不仅要通过行政手段对价格进行监管，更要站在投资受益者的角度来确保价格的合理确定，以促进森林生态服务市场的构建和交易行为的发生。

2）供给者

供给者是森林生态服务的生产者，从供给者角度来看，森林生态服务销售收入和政府补贴是对森林生态服务过程所发生成本的一种补偿。对供给者而言，其本身希望生态服务价格的制定可以实现自身利润的最大化，因此，森林生态服务价格标准越高，对它越有利。但是，在森林生态服务定价过程中它要接受政府的价格管制与财政补贴。

3）需求者

随着经济的快速发展，需求者对森林生态服务质量的要求也在快速提高。需求者通过森林生态服务市场交易向供给者付费，从而获得森林生态服务的消费。这种消费或投资是自身受益的，根据谁受益谁承担的原则，需求者自然应该承担一部分生态服务生产成本。但是森林生态服务是一种公益性服务，且需求具有普遍性，因此，消费者希望森林生态服务的价格标准是大多数消费群体所能接受的。森林生态服务价格标准过高会导致消费者心理上排斥对森林生态服务产品的交易支付，不利于市场的构建，降低森林生态服务价格，需求者参与市场的积极性自然会提高。

4）森林生态服务交易定价中博弈主体的关系

森林生态服务价格的高低受各利益相关主体复杂的决策行为的影响，价格的确定实际上是这些利益主体之间进行的博弈结果。因此，在森林生态服务定价过程中，涉及需求者、供给者与政府三个利益相关方。具体如图4-9所示。

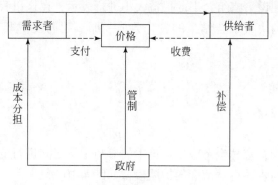

图4-9　森林生态服务定价博弈关系图

资料来源：国家统计局，2010

4.3.2.3　森林生态服务的博弈定价模型

1）博弈模型

根据博弈理论分析，森林生态服务定价过程是一个动态博弈的过程（命名为博弈 G）。博弈 G 中主要参与主体是政府、供给者和需求者，三者之间具有高度依赖性，且面临利益冲突。政府作为价格的管制主体，在定价过程中，要兼顾森林生态服务的供给者与需求者的效益与公平，既要保证供给者的经营成本，又要考虑到我国目前的经济发展状况和消费者对生态服务产品的消费意愿和支付能力，将森林生态服务价格定在一个合理的区间范围内。因此，设定森林生态服务的价格区间为：价格上限 β 和价格下限 λ，即价格的约束集为 $\{p \mid \lambda \leqslant p \leqslant \beta\}$。

森林生态服务价格的高低直接影响到交易双方的切身利益，因此，在森林生态服务博弈定价模型中，在政府界定价格区间约束的基础上，将服务供给者作为一个博弈参与主体（命名为甲方），服务需求者视为另一个博弈参与主体（命名为乙方）。在博弈定价过程中，首先由甲方在上述价格区间内，拟定并提交交易的初始报价。乙方根据自身的利益最大化原则来衡量价格区间。如果乙方能够接受甲方的报价，双方则以初始报价达成交易；如果乙方不能接受，就会在上述价格约束区间内，提出对自己更有利的森林生态服务报价方案，并将意见反馈给甲方。甲方通过对乙方意见及自身利益的综合考虑后，如果完全接受乙方的报价方案，即可按照该价格执行交易程序；如果并不能完全接受，则会在自身最初的报价和乙方提议价格进行结合的基础上再提出报价方案。如此循环往复，直到协商出双方均为满意的交易均衡价格为止。

对于博弈进程中博弈参与主体的每一组可能的决策组合，都会有一个结果对各博弈参与主体在该策略组合下的得益大小进行表示，在这里我们用效益来表示博弈中各种可能的决策组合结果的量化数值。那么我们设博弈 G 双方的效益函数为

甲方效益函数：

$$U_1 = U_1(p) \tag{4-4}$$

乙方效益函数：

$$U_2 = U_2(p) \tag{4-5}$$

综合上述可知，森林生态服务定价中的参与主体之间进行的是一个四阶段的动态博弈，各参与主体得益博弈的扩展模型如图 4-10 所示。

我们研究森林生态服务定价中的参与主体之间进行博弈的目的是：在给定的生态服务定价区间内，综合考虑交易双方的利益，得到博弈 G 的完美纳什均衡，该均衡描述的是对博弈参与主体双方都是一种既有利又可信的均衡状态。从而确定对各参与主体都相对有利的生态服务交易价格，达到各方互利共赢的目的。

2) 森林生态服务定价博弈均衡分析

在博弈 G 中，首先政府根据我国目前的经济发展状况和森林生态服务价值计算出森林生态服务价格约束集为：即价格上限和价格下限，分别用 β 和 λ 进行表示，即森林生态服务价格的约束集 = $\{p \mid \lambda \leq p \leq \beta\}$。

下面将针对三种不同情形分别对博弈 G 的均衡策略组合进行讨论，从而确定

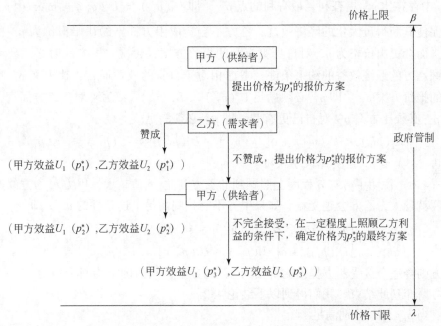

图 4-10　生态服务定价中的参与主体博弈得益扩展模型

均衡价格 p^*。

情形一

在博弈 G 进程中，首先，甲方根据经济效益最大化的原则以其效益函数 $U_1(p)(\lambda \le p \le \beta)$ 的最大值点 p_1^* 作为初始报价，并将初始报价交给乙方进行讨论；其次，如果乙方效益函数 $U_2(p)$ 在区间 $[\lambda, \beta]$ 中不存在比 p_1^* 更有利的点（即 $U_2(p) \le U_2(p^*)$，$\forall p \in [\lambda, \beta]$），能使其达到效益最大化，乙方会赞成甲方提出的生态服务价格为 p_1^*，从而确定均衡价格为 $p^* = p_1^*$，双方博弈到此结束。我们得到以下结论 4.1：

当 p_1^* 满足 $U_1(p_1^*) = \max\limits_{\lambda \le p \le \beta} U_1(p)$，但是 $\begin{cases} U_2(p_2^*) = \max\limits_{\lambda \le p \le \beta} U_2(p) \\ s.t.\ U_2(p_1^*) < U_2(p_2^*)\lambda \le p_2^* \le \beta \end{cases}$ 无

解，则均衡价格为 p_1^*。

情形二

在博弈 G 进程中，根据效益最大原则，甲方首先以效益函数 $U_1(p)(\lambda \le p \le \beta)$ 的最大值点 p_1^* 作为初始报价；其次，如果乙方效益函数 $U_2(p)$ 在区间 $[\lambda,$

β] 中存在比 p_1^* 更有利且最有利的点 p_2^* [即 $U_2(p_1^*) < U_2(p_2^*) = \max_{\lambda \leq p \leq \beta} U_2(p)$]，能促使其获得最大化的经济效益，乙方不会赞成甲方提出的初始报价为 p_1^* 的方案，而会提出价格为 p_2^* 对自身更有利的报价方案；再次，甲方此时必须要考虑照顾乙方的经济效益的约束条件，考虑相对于自身的效益而言，比方案 p_2^* 更有利的报价方案 p_3^* [即 p_3^* 必须满足 $U_1(p_2^*) < U_1(p_3^*)$]；另外对于乙方而言，方案 p_3^* 必须比方案 p_1^* 对自己更有利，即 p_3^* 必须满足

$$\begin{cases} U_2(p_1^*) < U_2(p_1^*) + \delta[U_2(p_2^*) - U_2(p_1^*)] = U_2(p_3^*) \leq U_2(p_2) \\ \lambda \leq p_3 \leq \beta, \; 0 < \delta < 1 \end{cases} \tag{4-6}$$

式 (4-6) 说明甲方在 δ 程度上照顾到的乙方利益，δ 值越大，甲方对乙方的照顾程度就越大，乙方会越受益。如果甲方不能找到满足上述条件的 p_3^*，即

$$A = \left\{ \begin{matrix} p \mid \lambda \leq p \leq \beta, \; U_1(p_2^*) < U_1(p_3^*), \\ U_2(p_1^*) + \delta[U_2(p_2^*) - U_2(p_1^*)] \leq U_2(p_3^*) \end{matrix} \right\} = \varnothing \tag{4-7}$$

甲方则会完全接受乙方提出的价格为 p_2^* 的方案，从而确定均衡价格为 $p^* = p_2^*$，双方博弈到此结束。我们得到以下结论4.2。

当 p_1^*，p_2^* 分别满足

$$U_1(p_1^*) = \max_{\lambda \leq p \leq \beta} U_1(p) \tag{4-8}$$

且

$$\begin{cases} U_2(p_2^*) = \max_{\lambda \leq p \leq \beta} U_2(p) \\ s.t. \; U_2(p_1^*) < U_2(p_2^*) \lambda \leq p_2^* \leq \beta \end{cases} \tag{4-9}$$

但

$$A = \left\{ \begin{matrix} p \mid \lambda \leq p \leq \beta, \; U_1(p_2^*) < U_1(p_3^*), \\ U_2(p_1^*) + \delta[U_2(p_2^*) - U_2(p_1^*)] \leq U_2(p_3^*) \end{matrix} \right\} = \varnothing \tag{4-10}$$

则均衡价格为 p_2^*。

情形三

与情形二的讨论相似，如果甲方在一定 δ 程度上照顾了乙方的经济利益，且又找到了对自身而言比 p_2^* 更有利的价格方案 p_3^*；且对于乙方来讲方案 p_3^* 比 p_1^* 的方案更有利。即存在满足条件 $A = \left\{ \begin{matrix} p \mid \lambda \leq p \leq \beta, \; U_1(p_2^*) < U_1(p_3^*), \\ U_2(p_1^*) + \delta[U_2(p_2^*) - U_2(p_1^*)] \leq U_2(p_3^*) \end{matrix} \right\}$ 的 p_3^* 方案，可得如下结论：

当 p_1^*，p_2^*，p_3^* 分别满足

$$U_1(p_1^*) = \max_{\lambda \leq p \leq \beta} U_1(p) \tag{4-11}$$

且

$$
\begin{cases}
U_2(p_2^*) = \max_{\lambda \le p \le \beta} U_2(p) \\
s.\,t.\ U_2(p_1^*) < U_2(p_2^*)\,\lambda \le p_2^* \le \beta
\end{cases}
\tag{4-12}
$$

$$
\begin{cases}
U_1(p_3^*) = \max_{p \in A} U_1(p) \\
s.\,t.\ 0 < \delta < 1,\ p_3^* \in A
\end{cases}
\tag{4-13}
$$

式中，

$$
A = \begin{cases}
p\,|\,\lambda \le p \le \beta,\ U_1(p_2^*) < U_1(p_3^*), \\
U_2(p_1^*) + \delta\big[\,U_2(p_2^*) - U_2(p_1^*)\,\big] \le U_2(p_3^*)
\end{cases}。
$$

则均衡价格为 p_3^*。

4.3.2.4 博弈主体效益函数的构造

博弈双方进行决策选择的基本原则是尽可能使自身的效益最大化。由于博弈参与主体的效益受自身所选的策略和对方的策略选择的共同影响，因此，每个博弈参与主体在进行策略选择时必须要考虑对方的客观环境及他们可能会做出的选择和反应。策略集是对博弈参与主体在博弈进程中所有策略组合的一个前提约束，影响着博弈的最终结果。因此要合理确定博弈的策略集合。

1）博弈约束分析

在对博弈 G 的约束集合进行确定的过程中，政府要根据我国目前的经济发展状况和人们对生态服务的支付意愿和支付能力进行价格区间的约束，其价格确定既不能是最低的生态补偿标准，也不能是完全按照理论上的最高价格标准。

（1）最低标准价格——补偿价格计量方法。最低标准指的是按照传统意义上的政府对生态公益林进行的生态效益补偿标准。目前还没有形成统一的生态效益补偿标准对森林生态服务进行价格补偿。因此，在具体补偿实践过程中应当按照国家的经济适应能力和社会的公平性来确定具体的补偿标准。国家的经济适应能力是指国家和受益者的经济承受能力和支付能力。社会的公平性指的是要保证森林经营者获得的经济补偿是合理的，不能过低。最低标准价格是对森林经营者最低利益标准的保证，低于这个标准则会影响森林经营者投资造林的积极性，从而影响森林生态环境的保护。以后，可随着人们对森林生态服务产品程度的提高和需求的增加及国家财政实力的提高，来提高补偿的标准。

（2）最高标准价格——全成本价格计量方法。最高定价反映的是以修正经济外部性为目标进行的森林生态服务产品价格确定，认为最适当的森林生态服务产品价格应该与最高森林资源配置效率下营林活动的边际收益相等。借此，通过森林生态服务市场交易行为，将经营效益及时地返还给森林生态环境供给者，实现了经济外部性向森林经营者内在的经济动力的转变。最高价格的确定涉及对森林生态服务功能价值的计算，即通过科学合理的计量方法反映出森林在涵养水源、固碳释氧、固土保肥、净化空气、维持生物多样性和森林景观等各个方面具体的量化价值。全成本价格计量方法就是通过计算森林生态服务的价值及其成本来确定森林生态服务产品价格的。但依据这一原则确立的价格标准会显得过高。

综上所述，我们得到价格 p 的约束集为：$p \in \{\lambda, \beta\} = \{$补偿价格计量，全成本价格计量$\}$。

2）供给者得益率函数

在森林生态服务经营者提供服务的过程中，供给者希望其获得的生态服务收入的资金在弥补其经营成本支出后，剩余更多的资金来满足经营者追求效益最大化的需求。因此我们根据销售生态服务收入与补偿其经营成本支出的关系定义一个获利指标 U_1 来衡量供给者的得益。森林生态服务经营者收入主要靠销售生态服务收入、销售木材及林副产品和政府的生态补偿等。我们假设 F 为 2011 年除销售生态服务产品收入以外的收入，C_s 为 2011 年森林经营成本，则 C_s 包括各种投资成本、经营成本和机会成本。于是得到供给者得益率函数如下：

$$U_1 = U_1(p) = \frac{F + p - C_s}{C_s} \tag{4-14}$$

3）需求者得益率函数

森林生态系统具有强大的生态服务功能，且形式多种多样，人类的生存离不开森林生态功能的缔造。因此，需求者的收入可以表述为人类生命的延续和生活的维持。从经济学的角度，用量化的数据则可以表示为在确保森林生态服务的良好持续供应下，人类死亡率的降低值或者是人类因身体健康而少支付的医药费用；政府和企业节省下来的用于环境治理项目的金额等，用 V 表示。需求者为了获得森林生态服务，相应地要付出一定的代价，即购买森林生态服务的金额 p。这里需要指出的是，从理性"经济人"的假设可以看出，如果 V 小于 p，人们可以选择放弃购买森林生态服务。但是，事实证明 V 是远远大于 p 的。综上所述，需求者得益函数 U_2 可表示为

$$U_2 = U_2(p) = \frac{V - p}{p} \tag{4-15}$$

4.3.3 我国森林生态服务定价实证分析

4.3.3.1 价格约束及各方得益函数的确定

1）博弈约束分析

（1）最低定价标准——补偿价格计量方法。根据《中国林业统计年鉴-2011》得到 2011 年我国森林总面积为 19 545.22 万 hm²，其中公益林面积为 10 163.51 万 hm²。森林生态效益补偿专项基金实际到位数额为 5 119 218 万元。因此，得出 2011 年我国森林生态服务的最低补偿价格为：$P_补$ = 5 119 218 万元/10 163.51 万 hm² = 33.58（元/亩），即为森林生态服务价格的价格约束下限。

（2）最高标准定价——全成本价格计量方法。根据王兵等的研究，通过监测核算出 2011 年我国森林生态服务产品价值量，具体数据见表 4-4。

表 4-4 中国森林生态服务产品价值量表　　　　（单位：亿元）

序号	一级指标	二级指标	价值
1	涵养水源价值	调节水量价值	30 233.68
		净化水质价值	10 340.62
		小计	40 574.30
2	固碳释氧价值	固碳价值	4 303.42
		制氧价值	11 290.13
		小计	15 593.55
3	保育土壤价值	固土价值	861.52
		保肥价值	9 059.04
		小计	9 920.56
4	营养物质积累功能价值	—	2 077.06
5	净化大气功能价值	滞尘价值	7 502.12
		吸收污染物	429.78
		小计	7 931.90
6	生物多样性保护价值	—	24 050.23
	合计		100 147.60

资料来源：国家统计局，2012

由表 4-4 可以看出，我国森林生态价值核算主要包括涵养水源价值、固碳释氧价值、保育土壤价值、营养物质积累功能价值、净化大气功能价值和生物多样性保护价值六个方面，2011 年我国森林生态服务价值总计为 100 147.61 亿元。按照森林的生态服务功能价值进行计算可以得出，我国森林生态服务的最高价格为：$P_生 = 100\ 147.61$ 亿元 $/19\ 545.22$ 万 $hm^2 = 3415.93$ （元/亩）；$P_高 = P_补 + P_生 = 33.58 + 3415.93 = 3449.51$ （元/亩）；即为森林生态服务价格的约束上线。

由上述得出森林生态服务的约束集如下：$S \in \{$森林生态服务补偿价格，森林生态服务全成本计量价格$\} = \{33.58,\ 3449.51\}$。

2）供给者得益率函数

根据《中国林业统计年鉴–2011》，我国 2011 年木材及林产品销售收入 F 为110 561 944 万元。根据国家林业局发布的《中国林业发展报告—2002》的有关测算数据显示，生态公益林地的单位面积经营成本为 345 元/亩，机会成本为 195元/亩。因此，生态服务经营相关的支出 C_s 为 540 元/亩。当然，具体的标准还应根据不同时间，不同区域上的经营成本和木材净利而确定，并随社会经济发展状况进行适当的调整。

综上所述，根据式（4-14）得供给者得益率函数为

$$U_1 = U_1(p) = \frac{F + p - C_s}{C_s} = \frac{110\ 561\ 944/19\ 545.22 + p - 540}{540} = \frac{p - 162.88}{540}$$

$$(4\text{-}16)$$

3）需求者得益率函数

根据《中国林业统计年鉴–2011》，我国 2011 年用于环境污染治理项目的金额为 6654.2 亿元，而目前人类死亡率的降低值或是人类因身体健康而少支付的医药费用还无法进行衡量，所以本书暂不对此进行考虑。所以根据式（4-15）得出需求者得益率函数为

$$U_2 = U_2(p) = \frac{V - p}{p} = \frac{6654.2 \times 10^4/1954.22 - p}{p} = \frac{3404.52 - p}{p} \quad (4\text{-}17)$$

4.3.3.2　均衡价格的确定

为了森林生态服务市场的正常运转，生态服务的价格必须同时考虑供给者和需求者双方的利益。因此作为森林生态服务定价博弈中的交易双方，在进行森林生态服务交易报价的过程中，势必要在一定程度上照顾对方的经济利益。下面我们就不同的 δ 值分别讨论 2011 年均衡价格 p^*。设 p_1^*，p_2^*，p_3^* 分别为

$$U_1(p_1^*) = \max_{162.88 \leqslant p \leqslant 3449.51} U_1(p);$$

$$\begin{cases} U_2(p_1^*) = \max\limits_{162.88 \leqslant p \leqslant 3449.51} U_1(p) \\ s.t. \ U_2(p_1^*) < U_2(p_2^*)33.58 \leqslant p_2^* \leqslant 3449.51; \end{cases}$$

$$\begin{cases} U_1(p_3^*) = \max\limits_{p \in A} U_1(p), \\ s.t. \ 0 < \delta < 1, \ p_3^* \in A \end{cases}, \ 其中 A = \left\{ p \middle| \begin{array}{l} \lambda \leqslant p \leqslant \beta, \ U_1(p_2^*) < U_1(p_3^*), \\ U_2(p_1^*) + \delta(U_2(p_2^*) - U_2(p_1^*)) \leqslant U_2(p_3^*) \end{array} \right\}$$

的解，由极值理论得出均衡价格见表4-5。

　　显然从表4-5可以看出，照顾因子 δ 值越大，均衡价格 p 就越小。也就是说当需求者在定价博弈占优势时，价格标准就会越低。并且随着 δ 值的增大，甲方得益率呈递减趋势，乙方呈递增趋势。可看出在区间 $p \in \{33.58, 3449.51\}$ 上，甲方得益率是随着价格单调递增的，而乙方得益率是随着价格单调递减的，且两曲线相交于点（1180.38, 1.88）。即当价格 p = 1180.38 元/亩时，甲、乙双方的得益达到均衡状态，数值为 1.88，即当且仅当甲、乙双方的效益函数值为 1.88 时，此时的价格 p = 1180.38 元/亩是对博弈双方都较为有利的价格。故我们求出 δ = 0.66 是甲、乙双方都满意的照顾因子，且达到了甲、乙双方都满意的照顾程度。即通过博弈双方达到了森林生态服务产品的均衡价格为 p = 1180.38 元/亩。

表4-5　均衡价格 p^* 及 $U_1(p^*)$、$U_2(p^*)$ 的数值

δ	p_1^* /(元/亩)	p_2^* /(元/亩)	p_3^* /(元/亩)	p^* /(元/亩)	$U_1(p^*)$	$U_2(p^*)$
0.1	3449.51	33.58	3107.89	3107.89	5.45	0.10
0.2	3449.51	33.58	2766.30	2766.30	4.82	0.23
0.3	3449.51	33.58	2424.71	2424.71	4.19	0.40
0.4	3449.51	33.58	2083.12	2083.12	3.56	0.63
0.5	3449.51	33.58	1741.53	1741.53	2.92	0.95
0.6	3449.51	33.58	1399.94	1399.94	2.29	1.43
0.7	3449.51	33.58	1180.38	1180.38	1.88	1.88
0.7	3449.51	33.58	1058.35	1058.35	1.66	3.22
0.8	3449.51	33.58	716.76	716.76	1.03	3.75
0.9	3449.51	33.58	375.17	375.17	0.39	8.07
1.0	3449.51	33.58	33.58	33.58	—	—

4.4 风险机制

风险往往指的是一个事件发生的不确定性。通常意义上所指的风险一般包括自然风险、经济风险、市场风险及政策风险等（Jenkins et al.，2004）。按照市场运行的相关原理，结合森林生产经营过程中涉及的各个环节和可能产生的各种不确定性，森林生态服务市场中的风险主要表现为以下几个方面：

1）自然风险

相对于其他资源而言，森林的生产经营具有生产周期较长、生长环境复杂、不便于管理等特点，这些特点也决定了它遭受自然风险的可能性较大。在经营过程中难免会受到森林火灾、风灾、旱灾、霜冻、冰雪、洪涝、森林病虫鼠害以及外来物种入侵等各种自然灾害的影响，而且这些风险通常是没有办法避免的。但我们还是可以通过采取一定的战略和措施减少这些风险的发生。一般认为，提供适当水平的保险可以有效降低自然风险发生造成的损害。事实上，在风险存在的情况下，经济市场有两种形式：一是森林生态服务交易市场；二是保险市场，且这两种市场的作用在森林生态建设项目上能够相互加强，可以促进形成全球统一的市场，进而也加强了两个市场的联合效率，降低了森林生态建设项目的自然风险。

2）经济风险

森林生态服务市场中的经济风险主要包括两个方面：一是森林生态建设项目所在地的各种生产要素价格的不确定性；二是森林生态服务价格的不确定性。而在发展中国家，生产要素价格变动所引起的风险不是很大，主要是因为发展中国家的资本价格和劳动力价格都相对较低，变化的幅度也相对较小；相对于其他生产要素而言，土地价格的变动给森林生态建设项目造成的风险是巨大的，若项目的选址遇上如道路桥梁建设、城市扩建等问题，土地价格会大幅度提高，使土地利用向能够带来更大经济效益的方向转移，进而提高了森林生态服务市场运行的风险；对于森林生态服务价格来说，目前市场上经过核证的交易报价还过低，限制了森林生态服务生产的数量。对于一个新兴不成熟的市场而言，经济风险是森林生态服务市场所要面临的巨大挑战。

投资多样化战略是降低经济风险的有效措施，它主要是针对投资者来说的。森林生态服务投资者或需求者通过购买来自不同地区的不同类型的森林生态服务，可以有效降低他们的各种经济风险。

3）市场风险

市场的不确定性往往也会导致森林生态建设项目经营的失败。这种不确定性因素主要包括市场的需求量、市场接收信息的时间、产品的市场化程度、市场的竞争能力等。这些因素都有可能致使森林生态服务产品的需求和价格处于相对较低的水平，而无法获得市场规模经济效益。

森林生态服务交易很多情况下都是以项目投资的形式实现的，市场风险往往需要供求双方共同通过协商来分担。如果采取事前交易，大部分的市场风险往往要森林生态服务需求方（或投资方）承担；如果采取事后交易，那么几乎所有的市场风险都要由森林生态服务供给方来承担。因此我们权衡各方面的利益，建立一种有供求双方共同承担市场风险的市场风险机制。

4）政策风险

一般来说，对环境影响严重的行业往往都是一个国家经济和社会发展的基础产业，如果对这些行业进行减少或者限制，必然会影响到该国的自身利益、发展空间和人民的生活水平，严重者甚至会影响这个国家的经济发展模式。因此，从本国自身利益的角度出发，一些国家可能会很不情愿加入诸如节能减排的环境保护协议中来，如美国考虑到《京都议定书》的签订可能会影响本国经济的发展，选择退出了该协议。根据拉丁美洲的经验，创建一个获得普遍认同的法律框架和制度，以法律形式保障利益相关者权益和项目实施能够有效降低森林生态服务市场中的政策风险。

针对上面的几种风险，对于森林生态服务产品来说，在中国自然风险是最为重要的，其他几种风险在我们的分析中可以知道发生的可能性比较小。针对风险我们最好的方法就是制定完善的风险防范制度。

4.5 本章小结

本章对我国森林生态服务市场的运行机制进行了设计研究，包括供求机制、交易机制、价格机制和风险防范机制。其中：供求机制是森林生态服务市场运行机制的基本体现，生态服务的供求关系在市场机制中占据主要地位，分别从供给和需求的角度对市场供求进行了分析；交易机制是森林生态服务市场建设的基础，主要研究了森林生态服务交易原则，交易机制的构建，交易方式的选择等；对森林生态服务交易补偿的博弈模型进行研究；价格机制是森林生态服务市场建设的核心，贯穿于整个森林生态服务交易过程，包括森林生态服务价格的形成和定价方法的选择，本书创新性地提出了基于博弈论的森林生态服务定价方法，构建了森林生态服务博弈定价模型，并对我国森林生态服务定价进行了实证分析；风险机制研究了森林生态服务在生产和交易过程中所面临的自然环境风险、政策风险和市场风险，分析了这些风险产生的原因、对市场参与主体造成的影响，以及采取怎样的手段进行风险规避。

5

国有林区森林生态服务资产化
与多级交易市场体系建设

本章基于 2.3.5 节中植入生态环境要素的国有林区经济增长理念，建立基于自发组织的森林生态服务使用权证私人交易、基于政府引导的森林生态服务使用权证开放交易、基于政府调控的森林生态服务使用权证公共支付三种主要模式的多级交易市场体系，为突破森林生态服务资产化与市场化的瓶颈问题提供新颖的研究视角。

5.1 森林生态服务资产化的使用权证与价值核算

5.1.1 森林生态服务资产化的使用权证制度分析

森林生态服务使用权证是森林生态服务种类及数量、森林生态产品使用权的标志。森林生态服务使用权证的制订和发放是交易制度的基础，森林生态服务使用权证分为主证和副证（包括涵养水源、保育土壤、净化环境、固碳制氧、防沙护田、旅游憩息和生物多样性七种使用权副证），副证与主证的基本关系为：第一，副证生态当量总量≤主证生态当量总量；第二，副证与主证是多对一的关系。森林生态服务使用权证发放的对象是：所有森林生态服务资源的拥有者。副证交易给"规定用户"（指其生产活动或行为需消耗生态环境资源或增加生态环境负担，该种"资源消耗"或"环境负担"可以通过增加森林生态服务来缓解的企业单位和个人）。"规定用户"通过市场购买的方式获得森林生态服务使用权副证（图5-1）。

森林生态服务使用权证交易制度是一种市场模式，由"森林经营者"、"规定用户"、"森林生态服务使用权证交易所"、"政府监管和调控"四部分组成。其管理要点如下：

图 5-1 森林生态服务使用权证制度的示意图

（1）政府成立森林生态服务资产管理机构，根据对生态环境破坏程度和对森林生态服务需求当量设立标准，界定森林生态服务消费的"规定用户"，以法律的形式明确"规定用户"购买与其"生态服务消费水平"相当的"森林生态服务使用权证"。

（2）森林生态服务资产管理机构组织专家委员会根据森林面积、蓄积及其他反映生态服务功能等指标，确定森林生态服务价值当量，为森林经营者授予相应"森林使用权证（主证）"，该证具有资产属性，是森林生态服务资产的所有权和收益权凭证。

（3）政府建立森林生态服务使用权证（副证）交易所，进行森林生态服务使用权证（副证）及相关产品的交易，规定用户可以根据其"森林生态服务需求"求购森林生态服务使用权副证，政府对森林生态服务使用权证交易所的运行进行监督和管理。

（4）政府通过政策、法律等手段，支持和保障森林生态服务使用权证交易制度的运行，包括对规定用户和权证拥有者私人交易市场的监管，以财税政策方式向规定用户征收生态税和生态补偿建设资金、完成森林生态服务的公共支付等调控措施。

5.1.2 森林生态服务使用权证的价值核算方法

1）基于区位商的森林生态服务使用权副证价值计算

参照产业经济学中区位商的内涵和计算方法，森林生态服务使用权副证价值的区位商（ELQ_j）可以定位为较小区域上森林的某一项生态服务价值（ev_j）在总体生态服务价值（$\sum ev_j$）中的比重与较大区域上森林资源的该项生态服务价值（EV_j）占总体生态服务价值（$\sum EV_j$）的比重之商，可以依据区位商[式（5-1）]来判断各种森林生态服务使用权副证价值在区域系统内的重要程度，代表区域系统内森林生态服务效益的价值取向和生态重点。

$$ELQ_j = \left(ev_j \Big/ \sum_{j=1}^{n} ev_j\right) \div \left(EV_j \Big/ \sum_{j=1}^{n} EV_j\right) \qquad j \in (1, 2, \cdots, n) \qquad (5-1)$$

2）森林生态服务使用权副证价值的修正区位商计算

ELQ_j 数值未能充分考虑该项森林生态服务使用权副证价值在该区域系统内的绝对比重。为避免这一悖论的出现，本书提出综合考核各项森林生态服务使用权副证价值的相对重要性和在该区域内生态服务价值总和中的绝对比重，对生态区位商进行必要修正，形成更为科学的、可操作的修正区位商系数 $AELQ_j$。

$$AELQ_j = \left[ELQ_j \times \left(ev_j \middle/ \sum_{j=1}^{n} ev_j \right) \right] \div \left[\sum_{j=1}^{n} ELQ_j \times \left(EV_j \middle/ \sum_{j=1}^{n} EV_j \right) \right]$$

$$j \in (1, 2, \cdots, n) \tag{5-2}$$

（1）当 $AELQ_j \geq 15\%$ 时，森林第 j 项生态服务使用权副证价值具有明显重要性，是综合测算（即森林生态服务使用权主证价值）的重点；

（2）当 $5\% \leqslant AELQ_j < 15\%$ 时，森林第 j 项生态服务使用权副证价值具有潜在重要性，是综合测算的参考因素；

（3）当 $AELQ_j < 5\%$ 时，森林第 j 项生态服务使用权副证价值不具有相对重要性，是综合测算可以忽略的因素。

需要特别说明的是，上述判定标准仅仅起到参考作用，具体的区域系统需要邀请林业专家、生态专家、政府官员等多个利益相关方的代表针对区域系统内森林生态服务供给和需求的独特性，设置判定标准。

3）森林生态服务使用权副证价值综合测算

森林生态服务使用权副证价值的综合测算（EV）受到涵养水源（EV_1）、保育土壤（EV_2）、净化环境（EV_3）、固碳制氧（EV_4）、防沙护田（EV_5）、旅游憩息（EV_6）、生物多样性（EV_7）七个生态服务使用权副证价值（表5-2）的影响。

$$EV = f (EV_1, EV_2, \cdots, EV_7) \tag{5-3}$$

依据森林各项生态服务使用权副证价值的修正区位商 $AELQ_j$，确立区域系统中各项森林生态服务使用权副证价值的相对重要性，其中 $\max \{AELQ_j\}$ 对应着最重要的生态服务使用权副证价值，需要优先全额核算其价值分量，并以 $AELQ_j$ 数值为基础，核算其他生态服务使用权副证价值的折算系数 CP_j。

$$CP_j = AELQ_j / \max \{AELQ_j\}$$

$$AELQ_j \in \{AELQ \mid AELQ_j > 5\%\} \qquad j \in (1, 2, \cdots, 7) \tag{5-4}$$

进一步计算可以获得森林生态使用权副证价值总量，其中，EV_j、EV_i 分别为具有明显重要性和潜在重要性的森林生态服务使用权副证价值；$AELQ_j$、$AELQ_i$ 分别为两类森林生态服务使用权副证价值的区位商系数；α_i 为具有潜在重要性的森林生态服务使用权副证价值的缩聚系数，计算方法如下：

$$EV = \sum EV_j \times CP_j + \sum EV_i \times CP_i \times \alpha_i, \ (i, j) \in \{J \mid 1, 2, \cdots, 7\}$$

$$j \in \{J \mid \text{AELQ}_j \geqslant 15\%\}, \ i \in \{J \mid 5\% \leqslant \text{AELQ}_j < 15\%\} \tag{5-5}$$

$$\alpha_i = (\text{AELQ}_i - 5\%)/(15\% - 5\%), \ i \in \{J \mid 5\% \leqslant \text{AELQ}_j < 15\%\} \tag{5-6}$$

4) 实例演示

以伊春国有林区森林生态服务使用权证价值量计算为例，可以确认涵养水源（EV_1）、净化环境（EV_3）、防沙护田（EV_5）为国有林区具有明显重要性的森林生态服务使用权副证价值；保育土壤（EV_2）、生物多样性（EV_7）为潜在重要性价值；固碳制氧（EV_4）、旅游憩息（EV_6）目前不具有相对重要性。参照前文分析步骤，以伊春国有林区统计数据为实证测算基础，结合表5-1的计算公式及相关参数，计算得到伊春国有林区森林生态服务使用权副证价值测算值，见表5-2。

表5-1 森林生态服务使用权副证价值分量的计算方式列表

价值分量	生态功能	计算公式	参数说明
涵养水源 EV_1	拦蓄降水价值	$EV_{11} = \theta \cdot R \times A \times P_1$	R为年度平均降水量（mm）；θ为截流系数，A为森林面积（hm²）；P_1为单位蓄水费用
	增加地表有效水价值	$EV_{12} = P_2 \times \sum S_i \times (H_i - H_0)$	S_i为第i树种的面积（hm²）；H_0、H_i分别为对照土地和第i树种单位面积拦蓄降水能力（m³/hm²）；P_2为生活用水价格（元/m³）
	净化水质价值	$EV_{13} = \theta \cdot R \times A \times P_3$	R为年度平均降水量（mm）；θ为截流系数；A为森林面积（hm²）；P_3为单位体积水直接落地与森林净化后的净化费用差额（元/m³）
保育土壤 EV_2	减少土壤养分损失	$EV_{21} = E_s \times R_1 \times R_2 \times P_1 + E_s \times (B_N + B_P + B_K) \times P_2$	E_s为减少土壤侵蚀量（t）；R_1为土壤中有机质平均含量（%）；R_2为薪柴转化成土壤有机质的比例；P_1为薪柴的机会成本价（元/t）；B_N、B_P、B_K分别为林地土壤表层N、P、K的平均百分比含量；P_2为N、P、K化肥平均价格
	减少土地废弃的价值	$EV_{22} = (E_s \times B)/(10\,000 \times L \times D)$	D为森林土壤平均密度（t/m³）；L为森林土层厚度（m）；B为林业年均收益（元/hm²）
	减轻泥沙淤积的价值	$EV_{23} = 24\% \times E_s \times U/10\,000\,D$	D为森林土壤平均密度（t/m³）；U为单位库容造价（6.1107元/m³）

续表

价值分量	生态功能	计算公式	参数说明
净化环境 EV_3	阻滞粉尘和吸收 SO_2	$EV_3 = P_1 \times \sum A_i \times M_i + P_2 \times \sum A_i \times N_i$	A_i 为各森林类型面积（hm^2）；M_i 为各森林类型对 SO_2 净化能力值（$t/hm^2 \cdot a$）；N_i 为各森林类型滞尘能力值（$t/hm^2 \cdot a$）；P_1 为削减 SO_2 成本（元/t）；P_2 为削减粉尘成本（元/t）
固碳制氧 EV_4	固定大气中 CO_2 和增加大气中氧气含量	$EV_4 = Q \times (1 + S_a) \times (Q_C \times C_C + Q_0 \times C_0)$	Q 为活立木蓄积量（m^3）；S_a 为活立木蓄积年均增长率（%）；Q_C 与 Q_0 为单位森林蓄积固碳量与释氧量；C_C 与 C_0 为固碳和释氧的造林成本
防沙护田 EV_5	防护农田价值	$EV_5 = \sum S_i \times Q_i \times P_i$	S_i 为第 i 种农作物的耕种面积（hm^2）；Q_i 为因防护林作用而增加的产量（kg/hm^2）；P_i 为第 i 种农作物的市场价格
	防风固沙价值		防风固沙林地的价格按防护林的价格 90 110 元/hm^2
旅游憩息 EV_6	为居民旅游憩息提供场所的价值	费用支出法评价	森林游憩价值可以近似地看作当年的旅游总收入，相关数据可以查询区域的统计年鉴获得
生物多样性 EV_7	传粉、生物控制、庇护和遗传资源的价值	$EV_7 = A \times (361$ 美元$/hm^2 \cdot a \times T + 2884.6$ 元$/ hm^2 \cdot a)/2$	A 为森林面积（hm^2）；T 为人民币与美元的汇率（RMB/USD）

$$EV = EV_1 \times CP_1 + EV_3 \times CP_3 + EV_5 \times CP_5 + EV_2 \times CP_2 \times a_2 + EV_7 \times CP_7 \times a_7$$
$$= 56.89 + 0.43 + 25.08 + 0.00 + 18.56 + 0.00 + 0.28$$
$$= 101.24 （亿元）$$

表 5-2 伊春国有林区森林生态服务使用权副证价值测算表

生态价值	ev_j	EV_j	$AELQ_j$/%	CP_j	α_i	折算价值/亿元
涵养水源（EV_1）	56.89	214.79	38.86	1.000	1.000	56.89
保育土壤（EV_2）	9.26	29.91	7.39	0.191	0.239	0.43
净化环境（EV_3）	44.24	229.04	22.03	0.567	1.000	25.08
固碳制氧（EV_4）	10.71	67.39	4.39	0.000	0.000	0.00
防沙护田（EV_5）	35.63	161.97	20.21	0.521	1.000	18.56

续表

生态价值	ev_j	EV_j	$AELQ_j/\%$	CP_j	α_i	折算价值/亿元
旅游憩息（EV_6）	9.41	351.00	0.65	0.000	0.000	0.00
生物多样性（EV_7）	11.41	51.88	6.47	0.166	0.147	0.28
合计（EV）	177.55	1105.99	100.00	—	—	101.24

资料来源：国家统计局，2011

5.2 森林生态服务使用权证的多级交易市场体系构建

　　森林生态服务使用权证交易市场的建立和运行均需要政府的监控和管理，依据政府参与程度的大小可以划分为三个层级：其一，是自发组织的私人交易，受益者（规定用户）和提供服务的经营者之间进行直接支付，如水文市场；其二，是政府把某项森林生态服务定义为可以交易的商品并生成社会需求，如碳汇市场；其三，公共支付体系，是政府用公共财政拨款补贴公共项目，如森林生物多样性；见表5-3。在市场经济和环境法制高度发达的地区，通过建立各种交易机制提高森林生态服务商品化的效率；在公共体制为主的地区，公共支付体系下进行间接交易的比例较大；需要在现实条件下，建立国家财政鼓励机制和保障森林生态服务有偿服务机制有效执行的政策法规，促进森林生态服务使用权副证多级交易市场体系的成长。

表5-3　典型的森林生态服务市场化实践案例分析表

方式	案例名称	环境服务类型	环境服务提供方	环境服务付费方	补偿方式	补偿标准	项目影响
自发组织的私人交易	法国：Perrier Vittel 为良好水质付费	改善饮用水水质	上游奶农和林场主	天然矿泉水公司	矿泉水公司直接支付给上游的土地所有者	Vittel 公司7年内每年每公顷支付230 美元，总计支付380 万美元	重新造林，影响小，项目侧重于森林的再造
	哥斯达黎加：水电公司资助上游造林	为水力发电提供稳定的水流	上游的私人林场主	私营水电公司	水电公司通过当地非政府组织将补偿费支付给土地所有者	保护森林的林场主每年每公顷补贴 45 美元，持续管理森林的林场主补贴 70 美元，造林林场主补贴 116 美元	提高了私人土地的森林覆盖率，通过保护与更新扩大了森林面积

续表

方式	案例名称	环境服务类型	环境服务提供方	环境服务付费方	补偿方式	补偿标准	项目影响
自发组织的私人交易	哥伦比亚考卡谷：水资源用户协会	改善减少灌溉渠中的泥沙淤积	上游的林场主	水资源用户协会	水资源用户协会向政府付费，补偿给上游土地所有者	协会自愿支付每升 1.5～2.0 美元，另加 0.5 美元的水获得许可费	控制土壤侵蚀、保护泉水与排水沟、发展流域社团
政府引导的开放交易	美国：排污许可证交易	改善水质	减少排污量至允许水平以下污染者	排污量在允许水平以上的污染者	在工业与农业污染源单位进行排污许可证交易	每英亩 5～10 美元（12.4～24.7 美元/hm²）	对森林的影响不大，主要是在河滨地带造林
政府引导的开放交易	智利：SIF 碳吸收工程	改善空气防止升温	林场主与农户	美国工业企业	工业企业向政府支付，与林厂主签订碳汇项目	投资 27 亿美元建设 7000km² 的森林，来吸收 385 280t 碳排放量	对森林的影响不大，主要是推进造林工程
	中国：八达岭林场植树造林	改善生态环境	林场主与农户	中国石油天然气集团公司	支付青龙湖镇植林报酬	出资 300 万元，青龙湖镇在 20 年内共植碳汇林 6000 亩，每年吸收 CO₂ 近 4000t	对森林的影响不大，主要是推进造林工程
政府调控的公共支付	中国：广西珠江流域再造林生态项目	改善生态环境	林场主与农户	世界银行生物碳基金管理会	支付广西环江县和苍梧县植林报酬	220 万美元碳汇，在广西环江县营造 4000hm² 人工林	对森林的影响不大，主要是推进造林工程
	纽约市：流域的管理计划	净化水质	上游林场主	水资源使用者，联邦、州、市政府提供额外资助	生态税、纽约市公债、补贴、采伐许可证、差别土地使用税、开发权转让等	农林场主获得额外补偿，拥有 20hm² 林地或同意进行 10 年森林管理的林场主在所得税上享受 8 折优惠	采用对森林影响不大的采伐方式、退耕、森林更新

方式	案例名称	环境服务类型	环境服务提供方	环境服务付费方	补偿方式	补偿标准	项目影响
政府调控的公共支付	美国：土壤保护计划	减少土壤侵蚀、净化水质、稳定水流	农田和边界牧场的所有者	美国农业部	保护地役权、成本分摊协议、为参与计划农民支付租金补贴和激励补贴	农场主每年每公顷获得125美元，弥补土地作为保护地约50%的损失。政府总支出为每年18亿美元	促进植树造林、缓冲带造林、防护林建设、低洼地造林等
	巴西：生态增值税	改善生态环境	林场主与农户	巴西国家与地方政府	补偿生态保护区，也可促进新的生态保护区的形成	Parana州补偿1.5亿美元，Minas Gerais州补偿4500万美元	对森林影响不大，主要是森林生态的保护和恢复建设工程

5.2.1　自发组织的森林生态服务私人交易市场体系

森林资源经营者与规定用户存在森林生态服务供需的内在动机，森林生态服务使用权制度的建立，为森林生态服务使用权副证的私下转让提供交易和调控载体。在市场体系建设进程中，存在如图 5-2 所示的操作流程。

（1）林权改革制度的制定和实施为确立森林生态服务资源产权归属提供了制度规范和法律保障；随后，森林生态资产管理机构需要对分配给不同主体森林区域的森林生态服务价值进行评估，制发森林生态服务使用权主证。

（2）森林生态服务的规定用户对自身所需的森林生态服务使用权副证进行界定，寻求拥有森林生态服务使用权证的主体并提出交易诉求，规定用户和产权人分别对森林生态服务需求量、供给量进行评估和交易报价，经双方洽谈协商后，达成规定用户所需的森林生态服务使用权副证交易意向。

（3）森林资源经营者与规定用户通过协商博弈，对界定区块的森林生态服务使用权副证确定价格并签订正式合同，森林生态服务资产管理机构需要对合同进行审定、公正和备案，确认合同的法律效力，保障森林生态服务资产供需合同的合法性。

（4）森林生态服务资产管理机构应该下设专门的合同履行监管部门，对森

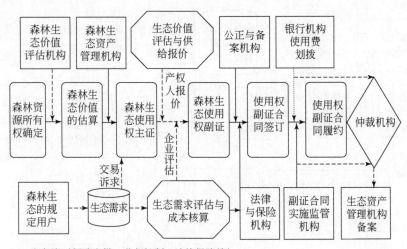

——► 实务流（行政审批、监督控制、法律保障等）
--► 资金流（森林生态使用权副证交易的资金支付）
……► 信息流（森林生态价值评估、森林生态使用权副证交易报价、交易过程资料备案等）

图 5-2　基于自发组织的森林生态服务使用权证私人交易流程图

林生态服务资产转让资金划拨（针对规定用户）和森林生态服务供给（针对森林生态服务资产经营者）进行双向监督管理，保障森林生态服务使用权副证合同的顺利履行。

（5）森林生态服务资产管理机构应该下设专门的合同争议仲裁管理部门，对森林生态服务资产经营者和规定用户针对合同履行提出的仲裁申请进行调查、评估和判定，如合同双方对最终仲裁结果有异议，在规定时间内提出上诉并备案。

5.2.2　政府引导的森林生态服务开放交易市场体系

政府把森林生态服务定义为可以转让的商品，建立森林生态服务使用权副证交易场所，实现多方供给、多方求购、开放的森林生态服务资源配置模式。在市场体系建设进程中，存在如图 5-3 所示的操作流程。

（1）森林生态资产管理机构需要对分配给不同主体的森林生态服务价值进行评估，制发森林生态服务使用权主证。产权人提出不同森林生态服务使用权副证的报价和挂牌申请，经森林生态服务使用权副证交易所审核后，在所内发布副证挂牌信息。

（2）规定用户对所需的森林生态服务使用权副证进行界定，核算森林生态

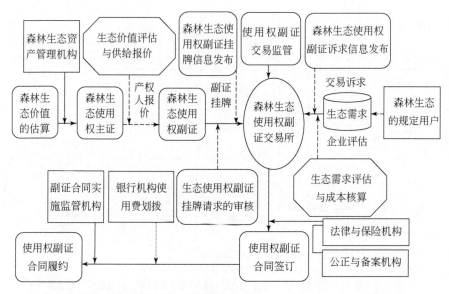

→ 实务流（行政审批、监督控制、法律保障等）

--→ 资金流（森林生态使用权副证交易的资金支付）

……→ 信息流（森林生态价值评估、森林生态使用权副证交易报价、交易过程资料备案等）

图 5-3　基于政府引导的森林生态服务使用权证开放交易流程图

服务需求量和成本，向森林生态服务使用权副证交易所提出购买诉求，经审核后在交易所内发布副证诉求信息，洽谈协商后签订合同。

（3）森林生态服务使用权副证交易所需要确定准入标准，对经营者副证挂牌申请和规定用户求购诉求的合法性、规范性、时效性等内容审定，从入口把关保障森林生态服务使用权副证交易所的运行效率。

（4）森林生态服务资产管理机构应下设专门的交易管理委员会，对交易所内森林生态服务使用权副证转让价格和合同签订进行监督管理，确认森林生态服务使用权副证合同的法律效力。

（5）由森林生态服务资产管理机构常设的合同监管部门和仲裁部门，对交易所内森林生态服务使用权副证合同的履行情况进行监管，并对由使用权副证合同履行引发的争议进行仲裁并备案。

5.2.3　政府调控的森林生态服务公共支付市场体系

政府为了森林生态服务的代际公平享有，实施生态补贴税缴纳、森林生态建设资金征集等财政与货币政策体系，向森林生态服务公共品的经营和供给方拨款补贴公共服务项目。在市场体系建设进程中，存在如图 5-4 所示的操作流程。

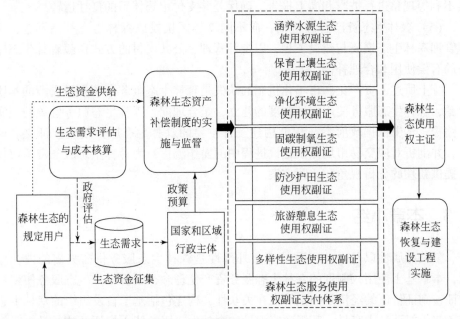

→ 实务流（行政审批、监督控制、法律保障等）
--→ 资金流（森林生态使用权副证交易的资金支付）
⋯⋯信息流（森林生态价值评估、森林生态使用权副证交易报价、交易过程资料备案等）

图 5-4　基于政府调控的森林生态服务使用权证公共支付流程图

（1）在公共支付市场体系中，森林生态服务使用权副证的政府购买由规定用户承担资金筹集，森林生态服务资产管理机构下设公共支付管理部门，依据对森林生态服务使用量设立标准并界定规定用户，确定公共支付的资金承担方——规定用户。

（2）森林生态资产管理机构组织有关专家，界定需要实施森林生态恢复工程建设的森林区域，对不同区块的森林生态服务价值和补贴资金进行核算，确定需要征集的森林生态补贴资金规模。

（3）森林生态服务资产管理机构下设的公共支付管理部门，依据对应该由各区域规定用户承担的森林生态服务资产公共支付量的价值估算，向国家和区域政府提交评估报告，行政执行森林生态税、森林生态建设资金等财政货币政策，筹集森林生态服务使用权副证公共支付的补贴资金。

（4）森林生态服务资产管理机构下设的公共支付管理机构，需要对森林生态服务资产补偿制度的实施进行监管，对出现的生态建设资金挪用、补贴政策落实不利等现象进行披露和向上报告，确保公共支付市场体系的良性运转。

（5）森林生态资产管理机构，向不同森林区块投放森林生态补贴资金，组织管理森林生态恢复与建设工程，以统筹管理、公共支付的方式保障森林生态服务的有偿使用和合理补偿。

综上所述，资产化和市场化机制的缺失是森林生态服务资源供需失衡的本质根源，森林生态服务使用权证制度的建立，是合理配置森林生态服务资源的可实践路径；本书依据政府参与程度构建三种主要的森林生态服务使用权证交易模式，并剖析对应交易市场体系建设进程中的操作流程，为森林生态服务资源市场化提供新颖的分析视角和实践方案。

5.3 本章小结

公共品属性以及由此引致的正负外部性是森林生态服务供需失衡的内在原因，本章基于使用权制度的森林生态服务资产化理念，剖析森林生态服务使用权主证、副证价值的经济学内涵和内在关联性，构建包括基于自发组织的森林生态服务使用权证私人交易、基于政府引导的森林生态服务使用权证开放交易、基于政府调控的森林生态服务使用权证公共支付三种主要模式的多级交易市场体系，为突破森林生态服务资产化与市场化的瓶颈问题提供了新颖的研究视角。

6

森林碳汇价格形成及方法研究

6.1 森林碳汇服务商品的价格形成

6.1.1 森林碳汇服务商品的价格成因

森林碳汇是指森林植物形成的生态系统吸收大气中的 CO_2 并将其固定在植被或者土壤中，从而减少大气平流层中 CO_2 的浓度（URS SPRINGER，2003）。我们认为森林碳汇交易的价格是森林碳汇经济价值的货币表现的体现。森林碳汇的经济价值以及碳汇交易价格的形成原因，是森林碳汇的有用性、相对稀少性和对森林碳汇资源的有效需求三者相互作用的结果。

1）有用性

森林碳汇的有用性是指森林碳汇能够吸收并固定 CO_2 的生态功能，森林碳汇可以通过这种生态功能减少大气中 CO_2 的浓度，从而减缓温室效应，防止气候变暖。近些年来，人为活动的增多以及工业废气等的大量排放已经严重影响了大气层。这些气体的大量排放导致温室效应的产生，臭氧层空洞，并导致全球气候变暖。这些后果让人们苦不堪言，极大地影响了人类的生活和健康。而如何消除和减缓温室效应已经成了一个大问题。毫无疑问，森林碳汇得天独厚的优势在保护自然界，保护人类的居住家园方面起着举足轻重的作用，它的有用性也得到了广泛的认可。

2）相对稀少性

森林碳汇的相对稀少性是指森林碳汇的数量是有限的。森林碳汇资源虽然是一种可再生资源，但它的生长周期较长，且易受到气候条件的影响。此外，森林碳汇资源的分布也极不均衡，大多数集中于发展中国家，发达国家则较少。在

《京都议定书》的作用下，发达国家为了履行其减排目标需要购买森林碳汇信用，这也决定了森林碳汇的交易是一个买方垄断的交易（肯尼思·巴顿，2001）。相对于众多买家而言，CDM 的森林碳汇项目所产生的森林碳汇信用的数量是有限的，具有相对稀少性。

3）对森林碳汇资源的有效需求

碳汇资源交易价格的产生要想成为现实，除以上两个因素外，还必须对碳汇资源形成购买力才有可能。由购买力形成的需求称为有效需求，它是产生森林碳汇交易价格的第三个原因，即对森林碳汇资源的有效需求是政策驱动的结果。随着《京都议定书》的出台，国际社会对发达国家作出要求。要求发达国家在 2008～2012 年的第一承诺期内，将其温室气体的排放总量控制在平均比 1990 年削减 5.2%。同时也提供了三种境外减排的灵活机制供发达国家选择，其中 CDM 是引发森林碳汇资源有效需求的根本原因。发达国家为了履行《京都议定书》的承诺，必须通过购买森林碳汇资源的方式来进行本国温室气体的减排，即形成了对碳汇资源的有效需求。

在森林碳汇交易的过程中，森林碳汇交易价格的变化，归结起来是由这三个因素相互作用及其变化所引起的。

6.1.2　森林碳汇服务商品的价格构成

所谓价格构成，在理论上是指生产成本、流通费用、赋税和利润四要素的组合。森林碳汇服务市场交易的最终商品一般用 CO_2 当量表示，它是经过认证的碳信用单位。理论上，森林碳汇服务商品的价格理所当然也同样由这四部分构成。但是，同其他商品不同的是，森林碳汇服务商品的生产成本由于受到很多外在因素和自身特殊性的影响难以核算。我们知道森林资源除了可以提供碳汇服务，还可以提供很多其他的商品和服务包括诸如木材、水文服务，景观服务和生物多样性保护等，而且这些商品和服务中大部分都不能通过市场来实现，因此，计算和分摊森林碳汇服务商品的生产成本变成了一件十分困难的事情。一般理论上的价格构成在森林碳汇上很难使用，我们只能通过某些相关影响因素来对森林碳汇交易的价格进行分析。

6.1.3　森林碳汇服务商品的价格特征

1）价格决定机制的特殊性

一般商品或资产的价格是以其生产价格为基础，受市场供求关系的影响。森林碳汇服务商品的价格决定有其特殊性，它的决定因素包括全球碳市场价格，森林碳汇服务本身的特征，土地利用的机会成本以及社会经济因素等。此外，由于森林碳汇服务市场机制不健全，存在很多的不确定性因素，所以森林碳汇服务商品价格决定的不确定性较大，或者说它的决定并非具有科学性。

2）森林碳汇资产价格具有较强的政策性

森林碳汇兼有经济、生态和社会效益，森林资源受国家保护，森林资源的开发经营不是完全的市场行为，受国家政策的影响较大。相应地，森林碳汇资产价格也受国家政策的影响较大，国家对森林碳汇市场发展的扶持政策、对森林采伐的限制措施和对森林流转的管理都会影响森林碳汇资产的价格，有些情况下政策可能成为森林碳汇资产价格的主要决定因素。

3）森林碳汇的价格具有相对稳定性和保值性

森林资源生长周期长，投资风险大，短期供给弹性很小；且森林碳汇的价格是在长时期内各种因素综合作用下形成的，因此，相比其他类的大宗商品，森林碳汇的价格较为稳定，具有保值性。随着经济与社会的发展和人们对环境保护意识的提高，森林碳汇的价格在总体上呈现不断上升的趋势，即增值的趋势。

6.2 森林碳汇服务商品的价格影响因素

西方经济学理论认为，价格是市场中最基本的要素，也是最核心的要素。价格的实现可以完全依靠市场的调节作用。由于现实中市场具有盲目性和滞后性的弱点，因此，价格的形成过程常常需要政府进行干预。但是，政府的干预只能作为辅助手段来调节价格，价格的形成依然要以市场来主导。具体到市场之中，即：商品的价格是由供求关系决定的，同时，商品的价格又反作用于商品的供求关系，在价格的调解下实现供求均衡。

森林碳汇服务商品的价格对于森林碳汇市场的发展起着至关重要的作用。经济学理论认为，商品价格是其价值的表现，同时又受供求关系的影响。但是，森林碳汇服务市场价格形成具有它的特殊性。本章分别从宏观角度和微观角度针对森林碳汇服务产品的特征对其市场交易价格的主要影响因素进行分析探讨。

6.2.1 基本影响因素

森林碳汇商品的供给和需求具有其特殊性。在森林碳汇交易市场上，两种力量相互作用并产生了森林碳汇商品的均衡价格和均衡数量，从而使市场达到均衡状态。当碳汇商品的供给大于需求时，碳汇商品的价格就会下降，碳汇商品的供给者便会因此而减少生产，需求者则因此增加需求。反之，当森林碳汇商品的供给小于需求时，将会导致碳汇商品的价格上涨，从而刺激供给者增加商品的生产，以满足更多的市场需求。

1）市场供给的影响

《京都议定书》规则下的森林碳汇的提供者一般是发展中国家，不可否认供给者一定会追求利润最大化。根据公共物品的概念界定，森林碳汇服务是一种人人都可以享用到的公共物品，全社会都希望能更多地分享这种不需要付出任何代价的公共物品。然而，如果没有充分的经济手段的激励作用，森林资源所有者或经营者就不会主动采取满足全社会共同期望目标的行动。《京都议定书》的签订使得森林固碳功能所产生的碳汇信用变成了可在市场上交易的商品并赋予了它应有的价值，这就会促使森林碳汇服务的提供者增加碳汇服务的供给。拥有森林资源的产权者，受到利益的驱使会对这种产权做出三种选择——采伐木材、提供碳汇信用、或者将两者按照一定的比例进行分摊。

通过对林业碳汇项目的实施和进展进行分析，我们不难发现影响森林碳汇服务供给的主要因素包括气候条件、资源禀赋、造林成本、国际市场碳信用价格、木材价格和采伐成本、土地机会成本以及相关国际环境政策；其中，通过敏感性分析发现，土地价格、木材价格和碳吸收率是影响碳汇供给曲线的重要因素（李怒云，2007）。

然而，在实际生活中，森林的经营者并非是完全理性的，他们的决策可能会受到某些现实因素的影响。林德荣在《森林碳汇服务市场化研究》中经过分析认为，在森林所有者作出供给决策的过程中，受到的负面影响因素主要包括以下三种（Clark et al.，2002）：

（1）森林资源经营周期长，不确定性大。根据《联合国气候变化框架公约》第九次缔约方会议形成的相关协议条款，造林、再造林的信用期分别为 20 年和 30 年，在这段时间里森林资源必将面临病虫害和火灾等自然灾害以及政治经济等方面不可预见的风险，由于这种风险的不可预见性，森林资源所有者难以做出理性选择，碳汇的供给因此受到影响。

（2）碳汇信用价格的不确定。目前森林碳汇信用价格的确定在学术界仍然是个难题，而且森林碳汇价格的影响因素众多，不确定性也非常大，而碳汇信用提供者一般都处于边远不发达地区，由于自身因素的限制他们很难对市场进行准确把握，对森林碳汇信用的价格预期也是基本处于茫然状态。基于这些限制因素的存在，森林碳汇的供给必将受到影响。

（3）森林碳汇信用供给具有"滞后"效应。对于市场成熟的一般商品来说，价格和供需之间存在灵敏的互动反映，价格升高，供给增加，供给增加到大于需求，价格又很快趋于下降。对于森林碳汇信用这种具有明显自身特征的商品供给来说，由于其获得碳汇信用需要一个很长的周期和错综复杂的认证程序，对价格的反映往往不够及时，而且一旦森林资源被用来提供碳汇信用商品，在承诺期内就不能转为它用，供给就会呈现刚性，供给者在很长一段时间内都不能做出其他选择获取其他受益。森林碳汇商品的供给对价格反映不太灵敏的特性也限制了森林资源供给者的选择。因此，森林碳汇信用的供给对价格之间的互动关系就显得格外滞后。

2）市场需求的影响

供求关系存在是市场产生的先决条件，在产品或服务供给量大于需求量时，市场规模和成长速度主要取决于需求增量。森林碳汇市场的现状是有效需求不足，因此，关于森林碳汇供求机制我们重点来讨论它的需求。关于需求我们首先要意识到人们对森林资源提供的碳汇信用需求并不是一种自愿需求，并不会自发产生，它是由于人类社会意识的加强，认识到气候变暖与温室气体排放的关系，确认了森林碳汇对于减少温室气体的重要作用，进而通过国际谈判等形式以及各种关于碳排放权的国际公约，因为有了协议条款的制约才出现了各种形式的买卖，需求由此产生。我们可以将这种需求定义为引致需求。若没有国际社会对全球气候变暖的普遍关注，森林碳汇蕴藏的巨大经济价值仍然不会被人们所发现，也就不存在对这种资源进行合理配置的问题。对于森林碳汇服务这种特殊商品，它的价值确定离不开各种规则政策的跟进，所以规则政策就成了影响森林碳汇需求至关重要的因素。当然还有森林碳汇自身的一些影响因素。本书将影响森林碳汇服务需求的因素概括为以下几点：

（1）规则和政策对需求的影响。上面已经提到森林碳汇服务市场本身是在各种政策法规的引导和约束下才形成的一种市场供求关系，它是政策的产物，不是自由发展起来的。森林碳汇本身是森林资源提供的一种公共产品，它具有的非排他性和非竞争性使它很难自发地形成市场需求和价格。森林碳汇交易市场是一种人为创造的市场，它的产生本身就是由一系列制度和规则的约束而形成的。因此，森林碳汇商品的需求也是受到制度和规则的影响，我们发现国际公约的执行力度、各国政府的重视程度和对于环境问题的态度、国民素质的提高和意识的加强成为影响需求函数的位置和斜率的主要因素。国际公约和附件一国家国内法规的持续性不明朗以及某些主要参与国家缺乏参与的政治意愿和积极态度等往往是造成市场需求不足的主要原因（Pablo et al.，2004）。

（2）碳汇价格与其他碳信用的价格比对关系影响森林碳汇的需求。根据《京都议定书》协议规定，CDM 主要包括工业能源项目和造林再造林项目，这两种项目产生的信用可以相互替代，需求者就会在这两种项目中进行选择。如果造林再造林项目需要的单位投资比工业能源项目多，那么，毋庸置疑碳信用买方就会转为购买工业能源项目产生的碳信用用以减少减排成本；反之，就会购买森林碳汇信用。

（3）企业对于减排项目的选择将影响森林碳汇的需求。各个企业对森林碳汇信用的认知态度和信任程度将会影响他们自身的选择和决策从而影响到对碳汇信用的需求量。出于各种原因，可能有些企业不愿意购买造林和再造林项目产生的碳信用，而更偏好于工业和能源项目，如果更多企业出于这种选择就会严重影响森林碳汇的需求，导致其需求下降。

3）供求影响下的均衡价格

在不考虑其他影响因素时，发展成熟的市场中供求关系相互作用的结果必然会形成一个市场均衡价格。供给者和需求者会根据市场中的供求和价格关系调整自己的活动，当价格随着供小于求而上升时，供给者会更倾向于提供更多的碳汇服务获得更多的利润，除此之外还会有其他的市场参与者进入，增加碳汇服务的供给量；而需求方也会对原有的策略进行分析调整，将买进碳汇服务所需要花费的成本与通过自身努力能够实现的减排成果所要付出的代价进行比对，综合权衡之后决定是继续购买大量的碳汇服务还是挖掘企业自身的减排潜力。当供给大于需求时，价格下降，林地所有者在具有完全的林权，包括砍伐权和处置权的前提下会选择将木材出售获得更高利益，从而减少森林碳汇服务的供给。需求者会转而购买更多的证书，不会选择通过自身技术和措施的改进实现节能减排，从而达到一种平衡。如果把碳汇服务证书供需双方的交易定义为一级市场，则证书需求者（即厂商）之间对证书的交易可以称为二级市场。二级市场依附于一级市场存在，并且可以成为一级市场的一个有效缓冲器。作为大型的能源企业，甚至可以直接在林业方面进行投资，以直接分摊红利的形式获取碳汇服务证书，从而通过规模经济有效地节约成本。

森林碳汇的供求机制对森林碳汇市场的运行和发展具有至关重要的作用。供求机制能够通过影响森林碳汇信用的价格，实现对森林碳汇资源的有效配置。假设我们忽略森林碳汇信用的供给和需求存在的特殊性，在森林碳汇服务市场上只有这两种力量相互作用，市场经常处于均衡状态从而产生了碳汇信用的均衡价格和均衡数量。

如图 6-1，横轴用字母（Q）表示碳汇的数量，纵轴字母（P）表示碳汇的价格，曲线 $ME = P_E(Q)$ 是碳汇的供给曲线，曲线 $MF = P_F(Q)$ 为碳汇的需求曲线。曲线 MF 上的所有点都代表了在对应的碳汇数量下消费者能够实现的心理预期，换句话说就是消费者在已有的消费基础上为了增加购买碳汇数量所愿意多付出的成本。MF 上的每一点都是消费者对享有的物品的态度和满足程度，我们将 MF 曲线称为碳汇的价值曲线。假设碳汇市场成熟度高，竞争比较充分，那么它的价格完全由市场的供求关系决定，当 ME 与 MF 相交于点 A 时，市场处于均衡状态，碳汇的均衡价格为 P_1，均衡数量为 Q_1。此时，长方形 OP_1AQ_1 的面积代表了消费者的实际支付额为 P_1Q_1；而其价值量则为 $\int_0^{Q_1} P_F(Q)\,\mathrm{d}Q$ 即曲边形 OP_0AQ_1 的面积；曲边形 P_1P_0A 的面积就是价值量与实际支付的差值，就是此时的消费者剩余，数值为 $\int_0^{Q_1}[P_F(Q) - P_1]\,\mathrm{d}Q$。

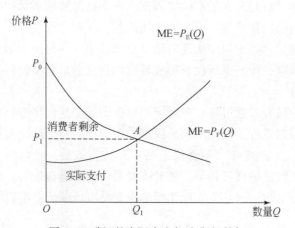

图 6-1　碳汇的实际支出与消费者剩余

6.2.2　二级影响因素

1）全球碳市场价格

森林碳汇服务交易是全球碳交易市场的重要组成部分，毫无疑问，全球碳市场价格的波动无疑要影响到碳汇服务商品的价格。全球碳市场是由以项目为基础的森林碳汇交易市场排放许可证市场组成的。我们将全球碳市场分为初级市场和流通市场，初级市场主要是以项目为基础的碳交易市场，流通市场则是排放许可证市场，这两个市场之间存在着复杂的内生关系，价格和供求之间也必然会相互影响、相互作用。研究影响国际碳市场价格的影响因素对森林碳汇服务价格的影响因素分析意义重大。

关于碳市场的研究相对比较成熟，在分析碳市场价格的影响因素时，我们综合考虑了各种条件，总结出了一系列相关影响因素。点碳（point carbon）公司在一份分析报告中指出，国际政策和调整结果、市场设施准备情况以及技术条件等都对碳价格产生影响。点碳公司认为碳价格高度依赖于单个市场的特征，其影响因素主要有以下几个方面：国际和国内政策风险的难以预测性、监测和审核标准的认可度、预期和实际的操作、项目融资和运作风险、国家宏观政策风险以及潜在项目的可持续性和社会层面的影响（吕学都和刘德顺，2005）。Oscar J. Cacho 等指出，CDM 项目下的供求均衡水平才是影响碳信用价格和产量的主要因素。通过以上分析碳价格受市场成熟度的影响较大。《京都议定书》实施至今，协定中的许多条款还具有相当大的不确定因素，许多已经被要求承担减排责任的国家还没有制定相应的减排措施与国际协定相匹配，除此之外各国有关碳交易市场基础设施和机制建设都处于初步构建阶段，全球碳市场交易还未形成自上而下相互协调的机制和标准，统一市场没有形成导致的直接后果就是价格发现和信息传递功能表现不充分。

世界各国的研究者通过建立各种模型对碳市场交易价格进行模拟和预测，学者们在不同的限制条件下使用不同的模型，所得到的对全球碳交易市场价格预测结果截然不同。自 2005 年《京都议定书》正式生效后，在全球范围内的碳交易市场出现了突飞猛进的增长趋势。随着碳交易价格的迅速发展，使越来越多的人对它的潜力重新认识。表 6-1 为近几年的碳交易市场碳价格市值的具体情况。

表 6-1　全球碳交易市场碳价格市值　　　（单位：亿美元）

年份	交易价格市值
2004	5
2005	110
2006	312
2007	630
2008	1351
2009	1437
2010	1419
2011	1360
2012	1500

资料来源：森林碳汇服务市场化研究，2008

2）森林碳汇服务本身的特征

我们从两个方面来分析森林碳汇服务商品的本身特征对其交易价格的影响。一方面，造林和再造林碳汇项目的生产成本一般情况下比工业减排成本更低，尤其对于那些技术水平相对落后的国家，从这个角度来看森林碳汇项目更具有优势，能吸引更多的投资者进行项目投资，从而对交易价格产生正面影响；另一方面，森林碳汇服务本身也有不利的一面，这种商品的特殊性和复杂性造就了其高昂的交易成本，如测量的准确性和复杂性问题、基准线问题、泄漏问题等技术层面的问题，还包括国家主体的界定相关的问题，都将通过需求和供给的不确定因素影响到其价格。我们通过对国内一些从事国际 CDM 碳汇项目交易服务的中介公司的访问调查了解到，目前国际碳汇市场对国内供给者来说，可以说是有行无市，市场状态混乱，无系统规则可循。市场的不健全导致复杂的交易程序，又进一步影响到供给方的入市能力。我国通过中介机构成交的国际非森林碳汇信用项目的交易成本约占成交价格的30% ~60%，预计通过中介机构成交的国际森林碳汇信用的交易成本比成交价格的比例还要高。

3）土地利用的机会成本

面对稀缺资源进行决策时，无论做出任何选择都会存在一定的机会成本。机会成本是指一种资源用于某种用途时所必须放弃的该资源用于其他用途而获得的最大收益。针对森林碳汇这种稀缺的公共物品，机会成本是供给者进行选择时必须要考虑的一个重要因素。同样，土地资源用来提供森林碳汇服务时所要放弃的其他用途即将获得的最大收益是资源所有者需要考量的问题。

土地用作种植粮食作物、木材生产以及人文景观等所获得的经济收益即为其提供森林碳汇服务面临的机会成本。只有土地的拥有者认为森林碳汇资源所带来的收益高于其机会成本，才会选择使用土地来提供森林碳汇资源。在现实中，森林碳汇的提供者往往为了降低其土地利用的机会成本而选择偏远地区来进行造林、再造林活动。

当土地利用的机会成本较高时，土地拥有者往往不会选择提供森林碳汇资源，这在某种程度上影响了森林碳汇信用的供给。在原需求不变的情况下，供给减少，将会导致碳汇的价格升高。当生产者预期森林碳汇服务带来的收益高于其机会成本，那么该土地就会被选为进行森林碳汇信用生产。因此，森林碳汇信用的预期价格至少应该高于土地机会成本/碳汇信用量，也就是说这是理性森林碳汇信用提供者所能接受的碳汇信用最低价格。

4）森林资源经营和森林碳汇服务生产的风险

显而易见，森林资源经营周期长，在整个经营期内都必然会面临病虫害和火灾及其他自然灾害风险，而且这些风险一旦出现，其造成的损失是巨大的并且难以估量；除此之外政策的不稳定性造成的风险也是我们必须要考虑到的一个问题，迄今为止，《京都议定书》等国际公约还具有相当大的不确定因素，许多被要求承担减排义务的附件 I 国家还没有制定符合本国减排的具体措施与国际公约相呼应，而且各国有关碳排放权交易市场基础设施和运行机制还处于初步构建阶段，全球碳排放权交易市场还未形成自上而下统一的机制和标准，这些都给森林碳汇生产造成了重大的政策风险。理性的生产者肯定要将这种巨大的自然灾害风险和重大的政策风险转化为森林碳汇的期望收益。

5）社会经济因素

影响森林碳汇价格的社会经济因素包括社会经济发展状况、财政金融状况、利率水平、物价水平以及国家的林业政策等因素。

社会经济发展状况对森林碳汇价值有着极大的影响，森林经营的长周期性决定了其更需要稳定的社会环境和良好的经济环境。通常我们认为，政治稳定、社会安定、人民生活有所保障，对森林碳汇资源这类长期性资产的投资会增加，价格也会呈现上升趋势。

财政金融状况对森林碳汇的短期价格影响更为直接。财政金融状况良好时，财政支出和财政直接投资会增加，货币流动性和社会投资也会增长，这些因素会直接带动森林碳汇资源资产价格的提高。财政金融状况处境困难会导致银根紧缩，货币流动性差，导致社会投资锐减，从需求和投资两方面带动资产价格的下滑。

利率水平对森林资源资产的价格影响也较为复杂。我们可以从两方面来进行分析：一方面，林木的生长周期长，占用资金时间长，高利率必然会显著增加营林成本，是提高资产价格的重要因素；另一方面，高利率会减少资金向长期资产领域的投资，是抑制资产的价格因素。我们综合分析这两方面因素的影响，利率提高短期会推高森林资源资产的价格，但由于从供给方面增加了投资成本，从需求方面抑制了投资需求，从长期来看会抑制森林资源资产的价格。

物价波动对森林资源资产价格的影响较为复杂。一般来说，物价上涨会带来成本的增加，通货膨胀严重时，人们为减少货币贬值带来的经济损失，往往转向增加资产投资，相应地带动资产价格的上升；但当物价上升过快时，政府就会采取行动收缩银根，减少流动性，资产价格会首先受到抑制。因此，物价波动带来资产价格的波动，但波动的节奏不容易确定。

国家的林业政策对森林碳汇资源资产价值的影响是显而易见的。例如，国家实施的林业补偿政策等，有利于提高经营森林的效益，使森林碳汇资源资产的价格明显上升；当政府鼓励林地使用权流转等林权改革相关措施，会提高森林资源资产的流动性，也会相应提高森林碳汇资源资产的价值水平。

6）交易成本

新制度经济学认为商品的交易成本会直接影响商品的成交价格和成交量。交易成本的不确定性会对森林碳汇的价格产生不利的影响。森林碳汇交易市场的交易成本与一般的商品交易市场的交易成本不太一样，主要有以下三个特征：首先，森林碳汇交易市场的交易过程与碳汇信用的生产管理过程常常交织在一起，交易成本可以直接体现在供求双方的成本函数中；其次，森林碳汇交易市场的交易成本除了涉及质量验证和讨价还价费用，还额外增加了基准线确认、方法学确立、注册、核查与认证等费用；最后，森林碳汇交易项目的规模与交易成本之间没有明显的联系（Kiss，2002）。

森林碳汇交易市场的交易成本之所以高，一方面是因为交易的实现必须要采取一系列的规则来满足碳汇信用的可计量性和由于排他性而发生的费用，防止泄露和持久性的问题；另一方面则是因为 CDM 下森林碳汇交易是通过造林再造林的项目来实现的，具有周期长、受自然力影响大，风险性也就更高的特点。森林碳汇交易市场的巨大交易成本，尤其是固定交易成本的存在对森林碳汇交易的供给方和需求方均存在影响。巨额的交易成本将改变森林碳汇交易的供给或者需求曲线，使市场达到新的均衡，从而影响了森林碳汇交易的均衡价格和均衡数量。

假设森林碳汇的交易成本为 C，碳汇信用的成交数量为 Q，成交价格为 P，森林碳汇的有效需求曲线为 D，有效供给曲线为 S。如图 6-2 所示，在碳汇需求量不变的情况下，碳汇交易成本过高（$MC_2 > MC_1$）将会造成森林碳汇的供给方收益下降，从而导致供给减少，供给曲线上移，同时，供给的减少将会导致碳汇信用交易量由 Q_1 减少到 Q_2，相应的碳汇价格由 P_1 上升到 P_2。

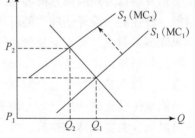

图 6-2 碳汇供给曲线

7）参与者的议价能力

森林碳汇交易市场中参与者的议价能力是影响森林碳汇交易价格的重要因素，在供需平衡的情况下，参与者的议价能力对森林碳汇交易价格起着直接的作用，决定了交易价格的高低。买卖双方的议价能力受到多种因素的影响，供给和需求的数量是买卖双方议价能力的基本决定因素，而买卖双方所掌握的市场信息、专业知识、行业经验，则是影响议价能力的核心要素。在 CDM 项目中，一般都是先由 CDM 咨询中介来负责寻找、洽谈、比较卖家或买家，然后 CDM 咨询中介再根据买方报价和买家与卖家的实力、经验、信誉等进行评级，评估项目，最后代表买方或卖方议价并购买碳排放权。因此，买方或卖方的议价能力主要是通过 CDM 咨询中介来实现的。

8）替代品的选择

替代品的选择也是影响森林碳汇交易价格的因素，如果森林碳汇信用的替代品价格低于碳汇信用的价格，减排国家将会倾向于选择那些价格更低的替代品，从而导致需求的降低，进而影响到交易价格。森林碳汇信用的替代品主要是指工业能源资源的碳信用。CDM 主要包括工业能源项目和造林再造林项目。附件 I 国家通过在发展中国家的项目投资来进行碳信用的获得。森林碳汇信用和工业能源项目的信用在某种程度上来说是可以相互替代的，即互为替代品。如果替代品的价格高于森林碳汇信用，碳信用的购买方就会选择购买工业能源项目的信用，反之，则会购买森林碳汇信用。

对于企业来说，如果改进其能源减排设施的成本低于碳汇信用的价格，毫无疑问，企业就会选择改进其能源减排设施来实现其减排指标。在这种情况下，森林碳汇信用的需求就会明显减少，从而导致森林碳汇信用的价格下降。

9）技术分析水平

技术分析能力主要包括风险评估能力，产品创新能力，节能减排设施的利用能力，森林碳汇储量的计算能力等。一国的技术分析水平直接影响着碳汇信用的认证、检测、风险管理和价格估算。

风险评估能力决定了一个国家预知风险和控制风险的水平。一般来讲，森林碳汇价格受到众多风险因素的影响，如市场风险、政策风险、自然风险以及经营风险等。较强的风险评估能力能够即时预知这些风险并较快做出反应，可以降低未知风险因素对森林碳汇交易价格的影响。

产品创新能力主要是指碳金融的衍生品，如果碳金融的衍生品较多，种类较为丰富，可以在某种程度上分散风险，从而达到稳定森林碳汇交易价格的目的。

节能减排设施的利用能力，即能源节能减排设施的利用能力。较高的能源利用率可以减少温室气体的排放，可导致企业对森林碳汇信用的需求量减少，也在某种程度上影响了森林碳汇交易的价格。

森林碳汇储量的计算能力是指森林碳汇储量计量模型的选择能力。计算能力的优劣直接决定了森林碳汇的价值计量。不同的计量模型计算出来的碳储量可能会有差异，这将直接影响森林碳汇的交易价格估算。

10）政策

由于森林碳汇交易是在政策的驱动下而引致的，政策因素也就成为影响森林碳汇交易价格的最重要因素。国内外的政策是森林碳汇交易的风向标，对森林碳汇的交易价格起着举足轻重的作用。从国际上来说,《京都议定书》虽然已经正式生效,但国际社会对于森林碳汇项目的方法学问题和衡量标准等还存在着分歧,这将直接影响到森林碳汇交易的进行。在国家层面上,对 CDM 的优先选择、政府对森林碳汇项目的偏好性以及激励性、关于森林资源和碳汇的产权界定的明晰度等政策的变化也对森林碳汇交易市场的供求双方产生较为明显的影响。对于我国来说,我国的限价政策、对林业碳汇的激励政策以及法律法规等影响并制约了森林碳汇交易市场的发展,并对森林碳汇交易的价格产生影响。

11) 其他

除了以上因素,还存在一些其他的因素如气候条件,环境能源的价格以及人们对环境保护的认识和购买碳汇信用的积极性等因素也都有可能会对森林碳汇交易的价格产生影响,引起森林碳汇交易的价格变化。

6.3 森林碳汇价值的确定方法

就目前的研究来看,森林碳汇的定价方法都是基于森林资源的特性,以反映森林碳汇的价值为基础的。刘凯旋等通过对森林碳汇的多种定价方法的研究,把森林碳汇的定价方法归纳为两大类,一类是通过直接的方式反映森林碳汇价值,称为直接定价法;另一类则是通过某些间接的方式来反映森林碳汇的价值,再对其价值进行定价,称为间接定价法 (Christophe and Oscar, 2003)。

6.3.1 直接定价法

对于森林碳汇的定价而言,最简单最直接的方法就是核算其生物量和价值量。从其造林的实际成本出发,加上全部的费用以及拟得的利润,预估一个适宜的价格。直接计算方法又可分为造林成本法、边际成本法和蓄积量转换法。

1) 造林成本法

造林成本常常用于成本计算方面,它是指依据所造林吸收大气中的 CO_2 数量与造林费用之间的关系来推算森林固定 CO_2 价值的方法。

成本法计算公式如下:

$$评估价值 = 基准日重置价值(相关成本) - 有形损耗 - 无形损耗 \qquad (6-1)$$

2) 边际成本法

边际机会成本 (MOC) 通常被应用于分析可消耗的商业能源资源的成本,并使之成为从经济角度对资源利用的客观影响进行抽象和度量的一种工具。边际成本理论认为资源的消耗使用应该包括以下三种成本：

（1）直接消耗成本（MPC），指为了获得资源而必须投入的直接费用；

（2）使用成本（MUC），指为了将来使用该资源而放弃的经济收益；

（3）外部成本（MEC），包括目前或将来所造成的各种损失和外部环境成本。

资源的消耗使用成本可以用下式表示：

$$MOC = MPC + MUC + MEC \qquad (6-2)$$

式中，MOC 为由社会所承担的消耗某种自然资源的费用，在理论上是指使用者付出的价格 P。P>MOC 时会抑制正常的消费，反之，当 P<MOC 时则会刺激资源过度使用。

3）蓄积量转换法

该方法使用全国森林资源清查数据中林木蓄积量、生长量、枯损量以及采伐量的数据，采用蓄积量转换的方法，利用差分方程，估计得出森林碳汇的变化规律，并预测未来的变化趋势，选取合适的性能指标来计算森林碳汇核算的最优价格（刘凯旋和金笙，2011）。

其中，森林碳汇核算公式的理论模型为

$$\begin{cases} C(k+1) = C(k) + G(k) - W(k) - L(k) \\ C(k_0) = C_0 \\ C(k) \geqslant 0,\ 0 \leqslant L(k) \leqslant L(k)_{max} \end{cases} \qquad (6-3)$$

式中，$C(k)$ 为森林蓄积的碳储量；$G(k)$ 为森林生长的碳储量；$W(k)$ 为森林枯损的碳储量；$L(k)$ 为森林采伐的碳储量；k 为年份，碳储量的单位为 t，$L(k)$ 为控制变量，其他变量均为状态变量。森林碳汇核算就是要在式（6-3）的约束下，使森林生物碳储量损失的价值最小，即满足

$$\min J_K = \varphi[C(N),\ N] + \sum_{k=1}^{k-1} F[C(k),\ L(k),\ k] \qquad (6-4)$$

式中，$\varphi[C(N),\ N]$ 为森林碳储量价值的终端约束。

通过采集和收录森林碳汇数据，采用线性回归方法进行计算。若模型包括所有变量，可采用强行进入法进行计算，并检验模型能否通过统计学检验，最终确定森林碳汇的核算模型，并通过计算得到我国森林碳汇的最优价格。

6.3.2 直接定价法的优缺点及适用程度比较

直接定价法的优缺点及适用程度具体比较见表6-2。

表 6-2 直接定价法比较表

直接定价方法	优点	缺点	适用程度
造林成本法	方法简明，直接反映商品价值	①成本统计复杂；②应进行贴现处理；③对一切森林都用造林成本法估价，违背了国民核算中区分人造资产（培育的资产）和自然资产（非培育的资产）的原理；④不讲条件、不分对象地使用造林成本法估价森林价值，本质上是不承认自然资源具有价值	成本是定价的基础和可靠参考，但相对误差大，生物资产的成本因素太多，甚至有些因素无法量化，有形损耗和无形损耗的估算难以计量。这种方法适用于成本划分明确、能够较准确量化的情况
边际成本法	①将资源与环境结合起来，弥补了传统的资源经济学中忽视资源使用所付出的环境代价以及后人或者受害者的利益缺陷；②可以作为决策的有效判据来判别有关资源环境保护的政策措施是否合理，包括投资、管理、租税、补贴以及自然资源的控制价格等	①所有成本都要划分为固定成本和变动成本，而实际运作中有时难以准确划分；②由于碳汇项目的非持久性、泄漏、不确定性及项目对社会经济和环境影响等问题，MUC、MEC的计算比较困难	由于碳汇项目存在一定的缺陷和问题，在使用该方法时受到了局限与影响，因此使用不具有普遍性
蓄积量转换法	从森林碳汇的供需角度，估计其规律并预测趋势，在约束条件下得出最优价格	①由于森林清查 5 年 1 次，数据少且为离散点，未能反映森林实际生长的动态趋势；②采用蓄积量方法时，使用的转换系数不精确；③未考虑社会、经济发展对碳汇的影响	从森林碳汇实际供给水平出发，数据较为直接、可靠，可做普遍应用，如能将社会和经济等因素考虑进去，将更完善

资料来源：森林碳汇服务市场化研究，2008

6.3.3 间接定价法

1）成本效益分析法

19 世纪法国经济学家朱乐斯·帕帕特的著作中首次出现了这一概念，他将

| 121 |

其定义为"社会的改良"。之后，意大利经济学家帕累托重新界定了这一概念。直到 1940 年，美国的经济学家尼古拉斯·卡尔德和约翰·希克斯对前人的理论进行提炼并形成了准则。

由于人工固定 CO_2 的成本是可以计算的，森林固定 CO_2 的经济价值也可以通过工艺固定等量 CO_2 的成本来进行计算。根据北京林业大学资源学院的袁嘉祖等的研究，采用计算森林碳汇功能成本效应的方法来衡量的方式，更便于从经济效益的角度看待森林对 CO_2 的吸收作用。

2）碳税率法

碳税率法是指政府部门为了限制向大气中排放的 CO_2 数量，而采取的征收向大气中排放 CO_2 的税费标准，并由此来计算森林植物固定 CO_2 的经济价值。欧洲共同体、挪威以及瑞典等国家都曾经向联合国提议，应对化石燃料征收碳税，以减缓温室效应所带来的危害。环境经济学家通常使用瑞典的碳税率作为标准。因此，有部分学者建议以碳税额作为森林固定 CO_2 经济价值的计量标准（张颖等，2010b）。显而易见的是，碳税只能作为控制 CO_2 排放的一种手段，用碳税法控制 CO_2 的方式对于贸易的影响应小于 CO_2 本身所引起的温室效应危害。还有一些学者结合了造林成本法和碳税率法，采用二者的均值或范围来作为碳汇功能的经济价值体现。

3）影子价格法

影子价格也称最优价格，它是由荷兰的经济学家詹恩·丁伯根在 20 世纪 30 年代末首次提出的，通过运用线性规划的数学方式来计算和反映社会资源获得最佳配置的一种价格。1954 年，他将影子价格定义为"在均衡价格的意义上表示生产要素或产品内在的或真正的价格"；萨缪尔逊对影子价格进行了进一步的扩展，他认为影子价格是一种以数学方式表述的，反映资源在得到最佳使用时的价格；联合国则把影子价格定义为"一种投入，如资本、劳动力或者外汇的机会成本或它的供应量减少一个单位给整个经济带来的损失"。影子价格是以资源的有效性作为出发点，将资源充分合理分配并进行有效利用作为核心，以获取最大经济效益作为目标的一种测算价格，它是对资源使用价值的定量分析。要想得到影子价格，可以通过以下几种途径：求解线性规划方程、以国内市场价格为基础来进行调整、以国际市场价格为基础进行确定以及对局部进行均衡分析的机会成本法。

计算森林发挥固碳作用的影子价格可以采用影子项目法或者影子工程法。我们可以假设这样一个前提：企业的 CO_2 排放量是可以通过技术水平，用工程的手段来减少的。由于工程手段是可计算的，因此我们可以将工业手段作为森林固碳

的价值。其数学模型可以表示为

$$V = G(X_1, X_2, \cdots, X_n)$$

$$V = G \sum_{i=1}^{n} X_i \qquad (6\text{-}5)$$

式中，V 为森林碳汇价值；G 为替代项目或者工程造价；X_i 为替代项目或者工程中 i 项目或工程的造价。

在计算森林碳汇的价值时，常常计算其中某年森林碳汇的价值，因此应将项目或者工程折现到该项目或工程有效期内的计算年度。即

$$G = C + C(1+r) + C(1+r)2 + C(1+r)3 + \cdots + C(1+r)n \qquad (6\text{-}6)$$

式中，C 为该项目或者工程每年度平摊的平均造价；r 为折现率；n 为该项目或者工程的有效期。

由森林碳汇的核算公式（6-3）可以计算出平摊与每年度的平均造价 C，假设 M 为该工程的其他额外费用，年度发生总成本为 C^*，则 C^* 可表示为

$$C^* = C + M \qquad (6\text{-}7)$$

设该项目或工程的年固碳量或 CO_2 的减排量为 W，则当年的影子价格为

$$P = C^* / W \qquad (6\text{-}8)$$

4）期权定价法

期权的价格是指在买卖期权的过程中，合同买入者支付给卖出者一定的费用。买入者因支付了期权费获得了权利，与此同时，卖出者也因收取了期权费而承担了风险和责任。期权实质上是赋予期权持有者"一段时间"，使其在这段时间内充分利用其所能获取的信息，以降低对未来状况的不确定程度，从而做出更合理的决策。因此，期权的价值反映了在某一阶段的时间内所获取信息的价值，并在决策活动的过程中对这一价值进行合理的度量。期权的价格由内在价格和时间价格组成。期权价格决定理论是由美国哈佛大学教授罗伯特·默顿和斯坦福大学教授迈轮·斯科尔斯所创建，定量地解决了期权如何定价的问题。

碳汇从交易到发生作用并不是同步的，它存在滞后性问题，因此碳汇产品也具有期权的性质，可以采用期权模型进行定价。碳排放期权指的是一种能够在某一确定的时间或者时期内以某一确定的价格进行购买或出售制定 CO_2 排放指标的权利。它是一种公共资源。产权清晰的碳排放权能够有效防止为了利用温室气体排放资源而在碳排放权交易中存在的套利行为。由于碳排放权期权赋予了期权所有者在某一特定时刻，以某价格购买排放权配额的权利，且允许期权所有者随时执行该项期权，因此，从实质上来讲，碳排放权期权属于美式看涨期权。

目前，世界上使用最普遍的定价方式为布莱克·斯科尔斯（Black-Scholes）

欧式期权定价模式，简称 B-S 模型，它的具体表示如下：

$$C = N(d_1)S_0 - \frac{X}{e^{r\Delta t}}N(d_2) \tag{6-9}$$

排放权的交易价格往往会受到技术更新、市场风险等因素的制约，在具体应用中我们可以从排放权交易的历史数据中获取收益率的标准差来计算波动率，从而计算出期权价格。

$$d_1 = \frac{\ln(S/X) + (r + \sigma^2/2)T}{\sigma\sqrt{T}} \tag{6-10}$$

$$d_2 = \frac{\ln(S/X) + (r - \sigma^2/2)T}{\sigma\sqrt{T}} = d_1 - \sigma\sqrt{T} \tag{6-11}$$

式中，S 为标的资产期初价格；X 为协议价格；r 为无风险利率；σ 为平均收益率的标准差（波动率）；T 为期权的时间长度。

6.3.4 间接定价法的优缺点及适用程度比较

间接定价法的优缺点及适用程度具体比较见表6-3。

表6-3 间接定价法比较表

间接定价方法	优点	缺点	适用程度
成本效益分析法	避免直接运算的困难，采用间接方式衡量经济效益	可以计算出来的成本和收益都只是有形成本和有形收益，而实际上还存在无形成本和无形收益，这部分难以量化，如不考虑，则结果未必合理；如考虑又难以量化	避免了某些无法计算而无法定价的难题。但成本效益分析法除了需要考虑林业项目本身的各种因素，还需要考虑处理时间、风险和不确定的因素使用具有局限性
碳税率法	考虑到市场之外的影响因素，强调了碳汇定价的政治色彩	限排数量和税率的标准不容易确定，主观性较强	该方法定价是一种强制的结果，强调了政府宏观调控的作用。该方法可以作为一种辅助的手段，但不能仅以此进行定价，需要结合其他方法共同使用

续表

间接定价 方法	优点	缺点	适用程度
影子价格法	反映了资源的稀缺程度，为资源的合理配置及有效利用提供了正确的价格信号和计量尺度，是价格形成的依据。从主观的评价向客观制约的标准转化，是一个很好的决策工具	①根据定义，它只反映森林碳汇资源的稀缺程度和碳汇资源与总体经济效益之间的关系，不是真正的市场稀缺程度，不能替代市场价格。 ②从理论上讲，可以通过求解线性规划来获得森林碳汇资源影子价格，但线性规划中涉及几百种资源，而森林碳汇资源只是众多资源中的一种。 ③与原环境因素间在提供的环境服务上并非具有完全的替代性	影子价格法在已有研究中频繁被使用，而且对于资源定价都比较适用。 该方法把对森林项目成本的计算转移到了起到替代作用项目的成本上，回避了森林项目本身的计算难题，但是不可避免的是替代的项目计算也并非容易，而且替代的程度也需要考量
期权定价法	①有利于增进交易总量和活跃交易度。保留了免费分配下初期投入成本较小的特点，同时又兼有公开拍卖和标价出售情况下公平合理和符合市场理论的特点，消除了碳排放权初始分配后进入二次交易的主要障碍。 ②在很大程度上分散了碳排放权交易的风险，同时使碳排放权交易的具体操作更具灵活性。对于特定的企业部门，除了在初始分配时接受期权或现货形式的碳排放权配额，还可以自由地在市场上交易期权或配额，在需要合法排放时选择执行期权或使用碳排放权配额	①使用期权理论进行定价是建立在一定的假设条件下的，如果现实条件不能满足全部的假设，那么就需要对这个基础的模型进行修正。 ②模型中出现的当期价格和滞后期价格是需要通过其他方法计算得到的或者政府制定政策给定的，也就是说期权定价并不能单独的使用，也需要其他理论方法作为基础	期权定价法在碳汇中的使用是较新的发展，也是以后研究的方向和重点，即不断应用碳金融的理念研究碳汇问题。该方法考虑了现实中交易的时滞问题，使交易变成一个动态过程。但是该方法中涉及大量的金融因素，而缺少森林碳汇本身的变量，因此以后的研究应该侧重将两方面结合起来

资料来源：森林碳汇服务市场化研究，2008

6.4　本章小结

　　本章主要对森林碳汇价格的影响因素进行分析，首先从森林碳汇服务商品的价格构成和价格特征两方面对它进行宏观剖析，为本章的重点内容做铺垫。其次进入主题对森林碳汇服务商品的价格影响因素层层分析，分别从基本影响因素和二级影响因素两个方面进行阐述。其中，基本影响因素中主要就是需求和供给对价格的影响，它是在市场成熟度较高时形成的均衡价格和均衡数量。二级影响因素中包括的影响因素有：全球碳市场价格、森林碳汇服务本身的特征、土地利用的机会成本、森林资源经营和森林碳汇服务生产的风险、社会经济因素、交易成本、参与者议价能力、替代品选择、技术分析水平以及政策等，这些因素分别从不同的切入点对森林碳汇价格产生影响。然后，综述了目前森林碳汇交易价格的确定方法，将其分为两大类，即直接定价法和间接定价法，并列表将这些定价方法的优缺点和适用程度进行比对，为后续章节奠定了基础。

基于国际森林碳汇市场的碳汇价格确定

7.1 国际森林碳汇市场的产生、结构和特征

7.1.1 国际森林碳汇市场的产生

森林碳汇市场出现的比较晚，到目前为止，它仍然是一种新兴事物。它的发展是伴随着国际温室气体变化公约的谈判一路走来的。森林碳汇市场的形成在很大程度上得益于其他温室气体排放交易的成功案例的经验，如美国 1990 年修订的《空气清洁法令》中的酸雨项目，它是以交易二氧化硫的排放权来减少美国的酸雨沉淀物。实践证明，通过排放权交易能以较低的社会成本达到净化空气质量的目的，所达到的效果比通过法律净化空气质量更加具有优势。这些成功的案例在某种程度上成了《京都议定书》的催化剂，推动了碳汇交易市场的形成。

森林碳汇服务市场的形成经历了一个相当漫长的过程。对于森林碳汇服务交易的研究最早出现在 20 世纪 80 年代末，那时候的研究只是小范围不成规模的，事实上它是在 1992 年《联合国气候变化框架公约》的签署后才真正开始的。确切地说森林碳汇市场是伴随着一系列国际公约的签署逐步发展的。关于国际公约的签署进程我们用图 7-1 来表示，从图中可以看出谈判的层层深入促进了森林碳汇市场的发展，由此森林碳汇服务作为 CO_2 减排的主要替代渠道，它所产生的碳汇信用通过某种价格和方式可以自由转换成在市场上交易的温室气体排放权（姜礼尚，2003）。

国际碳交易市场的主要内容是森林碳汇。《联合国气候变化框架公约》缔约方一致通过的《京都议定书》被认为是国际森林碳汇市场交易的一个重要里程

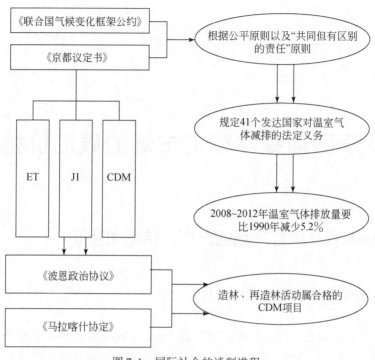

图 7-1　国际社会的谈判进程

资料来源：森林碳汇服务市场化研究，2010

碑。《京都议定书》指出六种温室气体，如 CO_2 等的排放量应该是大幅下降，其中发达国家下降的幅度较大，发展中国家的下降幅度较小。《京都议定书》作为一个重要的文件已经把碳排放权交易变得可操作化和制度化。

国际碳交易从其本质上来说是一种政策驱动交易。在《京都议定书》中，有需求的双方在碳交易的市场上，通过对资金的运作来达到森林碳进行的减排和增汇的活动。从目前形势来看，国际森林碳汇交易市场的形成主要表现为以下两个阶段：《联合国气候变化框架公约》签订的企业进行的自愿行动阶段；《京都议定书》签订的企业有意识的行动阶段和企业有意识的后阶段。

早期的森林碳汇市场只是一个仅有极少数国家根据自愿的原则来实施温室气体减排的松散的市场，尽管相关的规章制度以及交易机制已经基本建立，很多温室气体的交易都是基于项目的交易。随着各国政府对温室气体减排贸易的重视和相关政策制度的出台，碳汇市场才逐渐趋向成熟，此时还有越来越多具有前瞻性的企业家意识到森林碳汇服务项目可能蕴藏的巨大商业机会，对森林碳汇服务交易项目进行尝试性投资，CDM 框架下世界性森林碳汇服务交易市场由此开始。可见，森林碳汇服务市场的形成过程伴随着国际气候变化政策的谈判进程。实质上，正是全球范围内对气候变化问题的日益重视及国际间相继展开的谈判和协定促进了森林碳汇服务市场的形成和发展。

7.1.2 国际森林碳汇市场的结构

目前，国际森林碳汇市场是由京都碳汇市场和非京都碳汇市场构成。如图 7-2 所示，京都碳汇市场是在《京都议定书》的法定强制效力下以项目的形式开展的全球温室气体的交易市场，京都碳汇市场的市场需求都是法定强制产生的，供求双方主要是《京都议定书》的签字国政府。京都碳汇市场依照《京都议定书》框架下允许发达国家（附件一缔约方）在发展中国家实施林业碳汇项目以抵消其部分温室气体排放量，CDM 下的造林碳汇合作项目，实现发达国家和发展中国家在林业碳汇领域内的合作和交易。这种交易实质上就是发达国家提供资金和先进技术设备，在发展中国家造林，由此获得经核实减排量（certified emission reductions，CERs），以便帮助发达国家遵守他们在议定书中所承诺的约束性温室气体减排义务，也为发展中国家带来了经济效益和生态效益。

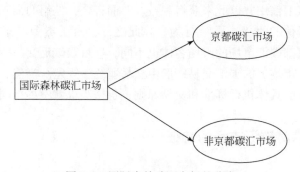

图 7-2　国际森林碳汇市场的分类

资料来源：森林碳汇服务市场化研究，2008

非京都碳汇市场是相对于京都碳汇市场而言的，属于《京都议定书》以外的志愿市场，不受《京都议定书》规则的限制。它主要是在京都规则的影响下，借鉴京都规则的相关成功经验，由政府、企业或其他组织为实现一定的减排目标或树立企业良好形象而设立并启动实施的区域市场（林德荣等，2005）。志愿市场上的交易不是受法律强制规范的，而是由道德约束的自主自愿的行为。随着国际社会对环境问题的日益重视，保护环境减少温室气体排放的意识已经逐渐渗透到各界人士的思想中，志愿市场交易与日俱增，如美国加利福尼亚州、纽约、俄勒冈州、澳大利亚新南威尔士州等，都是在州政府立法下产生的交易；还有一些交易是存在于企业之间的，如芝加哥气候交易所，这类交易是由企业联盟发起、企业之间相互认可的交易。由于志愿市场是一种自发的行为，缺乏规则公约的限制，市场中主要进行工业减排项目的交易，林业碳汇项目只占很小的比例。总之，无论哪种交易，政府的立法准备、严格的规则制度和计量监测标准等均是重要的基础。

京都碳汇市场与非京都碳汇市场最大的区别就是碳汇的需求方不同。京都碳汇市场是在《京都议定书》的强制下形成，《京都议定书》规定的国家是林业碳汇的重要购买者。而非京都碳汇市场包括私人"绿色"公司、"绿色"投资企业、股东、关注环境质量和希望降低环境破坏成本的公共机构、私人保护组织、慈善家甚至一般公众。非京都碳汇市场的购买者都是出于自愿的自发行为，但是他们购买林业碳汇的动机和目的却不尽相同，私人保护组织、慈善机构和一般公众购买林业碳汇的动机仅仅是出于个人对环境保护的热衷，主要是为了保护森林资源，减缓气候变暖进程；投资公司的购买动机往往是受到经济利益的驱使，他们主要是看到全球气候政策可能蕴藏的巨大商机而投资于成本较低的林业碳汇项目，期望获得碳汇信用并以此来获得利益。总而言之，他们的需求都不是强制产生的，而是出于他们的"志愿"行为。除此之外，由于不受《京都议定书》的强制约束，非京都碳汇市场的市场客体也不同，项目级碳汇交易一般由交易双方共同约定，准许市场下的碳汇交易一般由交易所统一规定。当然，由于市场客体不同，其中涉及的具体执行标准和交易原则、价格等也就不尽相同。

7.1.3 国际森林碳汇市场的特征

异于普通商品市场，森林碳汇服务市场不是自发形成的，需要政策制度的引导。森林碳汇服务作为一种典型的全球性公共物品，通常人们可以随意享受这种服务不需要付出任何代价。因此，森林碳汇服务市场的建立要在对该服务有充分需求的前提下，这就要求制定相关政策规则来刺激人们对森林碳汇服务的需求和购买动机。任何一个发展完善的市场都应该具备价格发现功能，森林碳汇市场也不例外，只不过由于森林碳汇服务这种商品的质量和数量很难确定，价格发现会比一般商品或服务市场更为困难。另外，森林碳汇服务市场的价格往往与其他环境服务市场一样，是对财政预算或政治政策危机的反映，不可能完全由供求关系和商品的价值决定。可见，森林碳汇服务市场是不完全市场。

由于森林碳汇市场各种条件因素的制约，如产权界定困难、信息不完全和测量的不确定性大等，森林碳汇服务市场在资源配置方面不可能实现帕累托最优，它只能是一种次优选择。在森林碳汇服务市场中，在价格和收益的驱使下市场体系能够指导并鼓励森林碳汇服务的供给者努力实现碳汇生产成本最小化，提高生产效率。但是，森林碳汇服务的边际成本难以等于其价格，也同样无法使得需求者的边际收益等于碳汇服务商品的价格，市场交换效率难以高效实现。总之，目前的森林碳汇服务市场只是鼓励实现成本最小化的不完全市场机制。

至今，森林碳汇服务市场依然是一个具有巨大潜力的市场雏形，还远未具有完备市场的各种功能，如价格信号、调节供求和节约交易成本的功能等。具体来讲，它主要具有以下三个特征：一是市场价格的变化主要与每项不同的交易有关，而并非主要由供求决定（李怒云，2008）；二是这些项目的投资以及由此产生的"碳信用"缺乏市场流通性，因此，它们只对投资者本身具有价值，还不能转移给其他组织而获取利益；三是碳汇信用的买方为整个项目提供资金，并参与到项目的全过程。

7.2　森林碳汇交易价格的确定

从理论上讲，资源的价值或价格包括两部分：一是自然资源本身的价值；二是社会对自然资源进行的人、财、物投入的价值。资源的价值或价格不仅要从其为社会增加的财富或有用性来考虑，而且还要从该种资源的耗竭程度来计算。资源价格随其稀缺度的上升而调整，有利于强化人们对资源的珍惜和有效利用。由于森林碳汇是一种新产品、森林碳贸易也是一种全新的贸易形式，其价格的确定没有历史资料和国外经验可以借鉴，所以科学地确定森林碳汇的价格是一项很重要的工作。

林德荣将森林碳汇服务商品的预期价格界定在土地机会成本/碳汇信用量和全球碳市场价格之间（林德荣，2005）。郑爽提到了交易价格，她认为 CDM 项目属于一个高风险领域，每个项目中买卖双方承担的风险大小决定了其交易价格（郑爽，2006）。曹开东认为林业碳汇价格受很多因素的影响，包括供求及参与者竞价、风险大小、项目机会的获得和信用期长短等都对碳汇信用的价格有一定影响（曹开东，2008）。可见，森林碳汇交易价格受国际碳市场价格影响，且一般为柜台交易，每个项目价格因风险分配、参与者竞价、项目机会获得等具体情况不同而异。目前，国际上碳汇价格变化范围为 10 ~ 15 美元/t C，从国际社会对

CO_2 减排问题的日益重视和国际碳贸易发展趋势来看，森林碳汇价格还存在较大的上升空间。

考虑到诸多影响因素，在确定森林碳汇价格时，由于评价的目的不尽相同，可以分别采用影子价格、森林碳汇经济价值评估理论模型、国际碳贸易交易价格或者工业技术进行 CO_2 减排成本推算森林碳汇价格。

如果考察森林碳汇对国民经济发展和减缓气候变暖的作用，宜采用影子价格。

如果进行经济价值评价或以开展森林碳贸易为目的，可以以经济价值评估理论为基础，国际碳贸易交易价格为参考标准推算森林碳汇的价格。

另外，在采用这些方式确定森林碳汇价格时还应该根据供需关系、国际政策制定以及社会承受能力等因素进行微调，使之更加接近市场价格，以适应市场和广大森林碳汇供需双方的需要，促进森林碳汇贸易较快的发展，推动林业发展模式的历史性转变。

7.2.1 根据影子价格确定森林碳汇价格

影子价格是 20 世纪 50 年代詹恩·丁伯根（Jan Tinbergen）和康托罗奇（Kanttonvitch）提出的，它最早源于数学规划思想，国外学者把它定义为"效率价格"或"最优计划价格"（李海涛和袁嘉祖，2003）。它是以资源有限性为出发点，将资源充分合理分配并有效利用作为核心，以最大经济效益为目标的一种价格测算，是对资源的定量分析。萨缪尔森从三个方面对影子价格作了补充：第一，影子价格是以线性规划为计算方法的计算价格；第二，影子价格是一种资源价格；第三，影子价格以边际生产力为基础。影子价格的经济含义是：在资源得到最优配置，使社会总效益最大时，该资源投入量每增加一个单位，所带来社会总收益的增加量（郭葵香和张永丽，2010）。

假设经济活动中生产 j 类产品，数量分别为 X_1，X_2，X_3，$\cdots$，X_j，单位产品收益为 C_j；共耗用 m 类资源，每单位产品耗用各类资源量为 a_1，a_2，，a_3，$\cdots$，a_m。则

$$\begin{cases} S = \sum_{j=1}^{n} C_j X_j \\ b_i = \sum_{j=1}^{n} a_{ij} X_j (i = 1, 2, 3, \cdots, m) \end{cases} \tag{7-1}$$

式中，S 为经济活动总收益；b_i 为第 i 类资源可供应总量。

在经济活动中，人们总是追逐效益最大化，但由于资源总量是有限的，不容许无限制供应。因此，

$$\sum_{j=1}^{n} \sum_{i=1}^{m} a_{ij} X_j \leqslant [b_1, b_2, b_3, \cdots, b_m] \tag{7-2}$$

则资源可供应总量成为产品总量的约束条件。同样，经济活动总收益 S 受 $[b_1, b_2, b_3, \cdots, b_m]$ 的限制，因此，$S=f(b_1, b_2, b_3, \cdots, b_m)$。此时，针对第 i 类资源，$Y = \dfrac{\partial f}{\partial b_i}$ 即为其影子价格。

下面通过影子价格讨论森林碳汇的价格。

参照第 6 章式（6-3）和式（6-4）的森林碳汇核算公式的理论模型，通过核算公式、数据收集等工作，采用线性回归进行计算得出结果，逐步回归后的 $C(k)$ 可显著解释 $C(k+1)$。根据数据，采用 SPSS 软件计算森林采伐损失的碳储量和 GDP 之间存在的二次曲线关系。

根据所得数据简化森林碳汇的状态方程为

$$\begin{cases} C(k+1) = aC(k) \\ C(k_m) = M \\ C(k) \geqslant 0, \ 0 \leqslant L(k) \leqslant L(k)_{\max} = N \end{cases} \tag{7-3}$$

式中，a，m，M，N 均为常数。

令哈密顿函数 $H(k)$ 为

$$H(k) = H(C(k), L(k), \lambda(k+1), k) \tag{7-4}$$

由耦合方程

$$\frac{\partial H^*(k)}{\partial L^*(k)} = 0 \tag{7-5}$$

求得

$$L^*(k) = P$$

同样，由横截条件

$$\frac{\partial \varphi^*(N)}{\partial C^*(N)} = \lambda^*(N) \tag{7-6}$$

得

$$\lambda^*(N) = Q \tag{7-7}$$

这里，求得的 $\lambda^*(N) = Q$ 美元/t，是第 m 年每吨碳的影子价格。此模型反映了资源利用的社会总效益和损失，符合资源定价的基本准则，为资源的合理配置及有效利用提供了正确的价格信号和计量尺度。

7.2.2 根据"可转让的排放许可证"的模型确定价格

在森林碳汇市场发展的初期阶段，市场机制并不完备，然而森林碳汇作为一种商品要在相关市场上进行流通，对于为获得利益的企业来说并没有一个可参考的价格体系，此时为该商品定价便成了一个急需解决的问题，下面从西方经济学关于公共品定价的角度对碳汇价格进行尝试性探讨。

众所周知，在西方经济学公共物品定价问题中用到了一个关于"可转让的排放许可证"的模型，但是此模型的使用具有很大的局限性，它只适用于竞争充分市场成熟度比较高供求达到均衡的情况，因此在森林碳汇市场发展的初期阶段此模型只能作为一个参考和借鉴。其阐述的中心思想是：政府为了实现减少温室气体排放的目标可以确立可转让的排放许可证制度，在这个政策制度下所有企业都必须有许可证才能被允许排放温室气体，每张许可证都量化了企业可以排放的温室气体数，而许可证是可以进行买卖的。购买可转让排放许可证的往往是那些没有能力或者需要支付高额费用减少排放的企业，然而总的许可证数目即总的排放量是由政府机构经过科学测算以后决定的。市场的理想状态就是许可证的买卖能够实现完全竞争，市场机制充分发挥作用就会以最低成本的方式实现温室气体减排。那些减污边际成本相对较低的企业，会尽可能地减少温室气体排放；而那些减污边际成本相对较高的企业，必定会转为购买较多的许可证达到减排的效果，并相对减少排放量，实现市场的最优配置。如图 7-3 所示，两个企业具有不同的排污边际成本，$MCO_1 > MCO_2$。假设政府规定两家企业可以购买排污许可证的上限是六单位，由于企业一面临较高的污染边际成本，会选择以 4 元的价格购买一单位的排放许可证；而该许可证对于企业二来说只愿意为它付出 2 元的成本，因此企业二和企业一就会以 2 ~ 4 元的一个价格进行许可证的买卖。

在温室气体减排指标体系以及由此而产生的碳汇交易市场中"可转让排放许可证"模型是作为一个参照标准而存在的，其中指标的确定由联合国统一执行，只是模型中的买方企业转换成了各国政府，然而这两种情况内在的经济实质和所达到的效果却完全相同（张小全和陈幸良，2003）。在市场达到均衡时，排污许可证的价格等于市场上所有企业减排的边际成本，政府选择的排放水平会以最低成本实现，此时市场达到最优。

根据这一模型，我们得到了一种确定森林碳汇价格的方式，这时的碳汇价格就是所有国家减污的边际成本。然而，森林碳汇市场又有其发展的特殊性，还有很多影响其价格的因素，因此在碳汇实际定价、控制过程中还要根据这些因素进行微调。

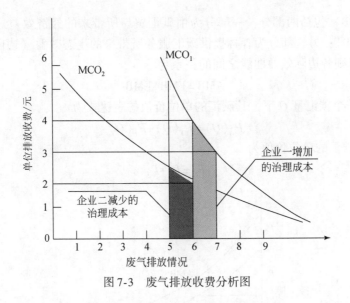

图 7-3　废气排放收费分析图

7.2.3　根据森林碳汇经济价值评估理论推算其价格

森林碳汇的公共物品属性使得市场中的有效需求不足，显然供求机制决定下的价格无疑是脱离其真实价值的，不具有实际意义。在此试图通过森林碳汇经济价值的评价理论出发来考察森林碳汇作为生态产品的经济价值，进而对其市场化的价格做出相应的指导。

对于森林碳汇进行价值评价，我们将世界范围的森林碳汇市场作为研究主体，那么参与市场的个体就是各个国家。也就是说碳汇带给各个国家多少效益（或者国民福利）可以作为判断这一林业项目碳汇价值的大小。参与国际碳汇贸易的林业项目通过交易，首先为其所有者或经营者从而也为其国家带来了可观的经济效益，该项目提供的碳汇数量和国际碳汇价格共同决定了这部分效益的价值。然而，与其他商品不同的是该项目所提供的碳汇尽管在市场上已经完成了交易，但是国外的买方并没有办法把它的生态效益带走，它仍然继续在项目所在地发挥作用，继续为当地居民提供其生态效益，从而为项目所在国带来国民福利和效益（许文强和支玲，2008）。

图 7-4 中，横轴字母（Q）为碳汇数量；纵轴字母（P）为价格；AMB 为总边际效益曲线，其函数为 $P_A(Q)$；EMB 为边际生态效益曲线，其函数为 $P_E(Q)$；FMB 为由国际碳汇市场决定的边际经济效益曲线，其函数为 $P_F(Q)$。在涉及国际碳汇贸易的林业项目中，森林碳汇给项目所在国带来的效益（边际效益

曲线为 AMB) 包括两部分: 一部分为由碳汇贸易所带来的经济效益 (边际效益曲线为 FMB); 另一部分为森林提供碳汇服务所带来的生态效益 (边际效益曲线为 EMB)。则各边际效益曲线之间的关系为

$$AMB = FMB + EMB \qquad (7\text{-}8)$$

即在任何一个碳汇量 Q 下, 其碳汇的单位价值的表达式为

$$P_A(Q) = P_F(Q) + P_E(Q) \qquad (7\text{-}9)$$

则在 Q_1 点碳汇的单位价值为

$$P_1 = P_2 + P_3 \qquad (7\text{-}10)$$

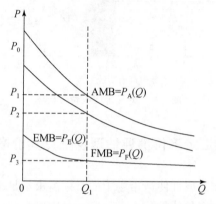

图 7-4　基于国际碳汇贸易的森林碳汇价格确定

要说明的是, 图 7-4 显示的仅仅是众多价值状态中的一种, 即仅显示了 FMB 大于 EMB 的情形, 事实上, FMB 还可能小于或等于 EMB。但无论在何种情况下, 各边际效益曲线之间的关系是不变的, 而上述森林碳汇价值量的确定公式 [式 (7-9)] 也是始终成立的。

7.3　本章小结

本章主要是对森林碳汇价格的确定进行尝试性的探讨, 首先对国际森林碳汇市场的发展从它的产生、结构和特征三个方面进行简要论述, 使我们对国际、国内大环境中的各种因素有一个清楚的认识和把握。森林碳汇价格的核算要在考虑国际、国内各种因素的情况下得出其优化价格。针对价格的确定我们综合考虑到诸多影响因素, 根据不同的评价目的, 给出了不同的评价方法、评价公式和评价内容, 分别用到了资源、环境经济学中的影子价格定价原理核算价格, "可转让的排放许可证" 模型确定价格, 森林碳汇经济价值评估理论推算其价格。

8

我国森林碳汇市场模式设计和
碳汇价格探讨

8.1 我国森林碳汇交易项目实施现状

8.1.1 我国森林碳汇项目实施现状

近些年来碳汇市场发展速度很快，卖方市场主要被发展中国家所占据，亚洲、非洲、北美洲和南美洲的许多国家都开展了 CDM 林业碳汇项目的试点工作。通过 CDM，许多发达国家与类似中国这样的发展中国家建立市场链接，全球性的碳交易市场就此形成（刘楠，2009）。在《京都议定书》的 CDM 下中国和世界上十几个发达国家都签订了碳减排合同，由此也已经建立了多个试点项目。国家林业局为了应对温室效应和减少温室气体排放的问题做出了很多实质性的努力，组织人员编制了《中国绿色碳基金碳汇项目计量与监测指南》，该指南将《IPCC 指南》和国际自愿碳市场成功案例的计量方法与中国林业项目现状进行有效结合，总结出了适合我国的计量审查方法，这是中国第 1 个自愿碳市场碳汇项目计量监测指南，不仅适用于中国绿色碳基金，也可用于国内其他自愿造林项目的碳计量和监测（Schneider，2007）。

我国森林碳汇市场处于初步构建阶段，但近几年以项目为基础的碳汇交易在广泛的进行中。表 8-1 将我国重点的林业碳汇项目进行总结。2004 年国家林业局碳汇管理办公室在内蒙古、广西、云南、四川、辽宁、山西六省（自治区）启动了林业碳汇试点项目。其中内蒙古和广西的林业碳汇项目于 2006 年在联合国 CDM 执行理事会注册，成为严格意义上的京都项目，随后四川的造林再造林项目于 2008 年成功注册（Stavins，1995）。

表 8-1　我国部分林业碳汇项目情况汇总

项目名称	承办方	总面积/hm²	立项时间	投资额/万美元
中国东北部敖汉旗防治荒漠化青年造林项目	国家林业局与意大利环境国土资源部	3000.00	2005 年	153.00
中日防沙治沙试验林项目（沈阳市康平县）	沈阳市林业局与日本庆应义塾大学	538.70	1999 年	28.00
中国广西珠江流域再造林项目	广西林业厅	4000.00	2006 年	300.00
中国四川西北部退化土地的造林再造林项目	四川省林业厅	—	2009 年	300.00
中国绿色碳基金温州碳汇造林项目	中化基金会国家林业局气候办和温州市人民政府	400.00	2008 年	44.00
中国绿色碳基金中国石油北京市房山区碳汇造林项目	中国石油天然气公司	400.00	2008 年	44.00
中国绿色碳基金北京八达岭林场碳汇造林项目	北京市园林绿化国际合作项目管理办公室	206.67	2008 年	43.69

资料来源：国家统计局，2011

1）内蒙古碳汇试点项目

　　该项目是由国家林业局与意大利环境国土资源部根据 CDM 造林再造林碳汇项目相关规定签署的"中国东北部敖汉旗防治荒漠化青年造林项目"已经正式实施。其中，中方的实施单位是《荒漠化公约》中国履约秘书处，即国家林业局治沙办。具体由内蒙古林业厅、赤峰市林业局、敖汉旗林业局共同开展。中国林科院、赤峰市林研所负责碳监测管理。意大利方面由环境部组织，技术支持部门是意大利 Tusica 大学。主要目的是：①了解中国政府对开展碳汇项目的态度；②了解当地农民的意愿；③对造林保护的意识；④土地所有权；⑤开展 CDM 林业碳汇项目的技术能力。通过实施该项目，将促进我国的可持续发展和满足意大利对减排 CO_2 的承诺。通过该项目的实施，将实现我国森林生态效益价值补偿，同时也满足了意大利对 CO_2 减排的承诺。

2）广西珠江流域再造林项目

　　全球第一个按照《京都议定书》CDM 规则的造林再造林碳汇项目落户广西。广西环江县兴林营林有限责任公司与生物碳基金托管机构国际复兴银行开发银行签订了《中国广西珠江流域再造林项目》碳减排量购买协议，标志着《中国广西珠江流域再造林项目》正式实施。该项目的最终目标是宣传林业的可持续发展并改善珠江流域的生态环境。

3) 四川碳汇项目

四川省林业厅积极响应国家发展碳汇产业，走低碳经济发展道路的战略方针，对该省的碳汇工作给予高度重视，于 2005 年成立了四川省林业厅应对气候变化和节能减排工作领导小组。四川省的碳汇产业试点工作也在全国走在前列的。2006 年，四川省林业厅与四川省社会科学院、北京山水自然保护中心合作在四川启动了全国第一个森林多重效益森林碳汇试验示范项目"四川西北部退化土地的造林再造林项目"。该项目已于 2009 年 11 月 16 日在联合国气候变化框架公约（UNFCCC）下的清洁发展机制执行理事会（CDM-EB）成功注册，这是全球第一个成功注册的基于气候、社区、生物多样性（CCB）标准的 CDM 造林再造林项目，并于 2009 年 11 月 26 日与香港低碳亚洲有限公司达成购销协议，成功实现全国第一笔森林碳汇减排量自由贸易。

4) 云南碳汇项目

中国环境报显示，2009 年，中国有 715 个碳交易项目在联合国注册成功，位居全球第一。在这些项目中，云南获批项目总数为 85 个，位居国内各省第一。同时，去年国家发展和改革委员会（简称国家发改委）批准的碳交易项目有 2327 个，预期年减排量 4.26 亿 t，云南以 260 多个的获批项目数列全国各省（自治区、直辖市）第一。

5) 浙江碳汇试点项目

温州市 2008 年年底就在苍南县启动了碳汇造林项目，使碳汇造林活动走在了全国前列。2008 年 11 月 28 日以发展林业碳汇应对气候变化为主题的"中国绿色碳基金温州专项暨碳汇造林项目"正式启动。这项基金的设立具有重要意义，为私人组织志愿参加碳汇造林活动提供了平台，从而为降低温室气体排放减缓气候变暖创造了有利条件。项目完成之后，预计每年可吸收 CO_2 9000t。2010 年 5 月温州市率先在文成县玉壶镇落实了 2 万亩的森林经营碳汇项目试点，这是全国首个森林经营谈会项目，为此，温州市林业局和浙江省林业科学研究院合作编制了《文成县生态公益林森林经营碳汇项目实施方案》。

6) 中日防沙治沙试验林

在京都规则的框架中，中日地方政府与民间相结合的碳汇交易属于生态补偿性质的产品交易，开创了森林碳汇贸易的先河。1999～2005 年，共营造林带长 39km，面积 538.7hm²，造林株数 46.11 万株。项目将《京都议定书》中 CDM 运用于小规模造林所产生的生态效益进行碳汇交易，将所获得的经济效益重新投入到造林绿化活动中，形成良性循环，帮助改善当地生态环境、促进农村经济的发展、提高农民物质和精神生活质量。

7) 北京碳汇项目

"中国绿色碳基金中国石油北京市房山区碳汇项目"造林工程与 2008 年 2 月开始实施，到 2008 年 5 月中旬，顺利完成 2000 亩碳汇造林年度任务，当年造林成活率平均达到 86%，符合《中国绿色碳基金项目管理暂行办法》的相关规定。2008 年 1 月 1 日，中国绿色碳基金八达岭碳汇造林项目正式启动。该项目是中国绿色碳汇基金支持下的全国首批个人出资碳汇造林项目，八达岭林场负责项目实施，是集科教、科研和生产于一体的多功能碳汇造林示范项目，旨在为在北京山区进行"可计量、可监测、可核查"的森林碳汇生产提供技术示范。项目总体规划营造碳汇林 3100 亩，林分生长稳定后，年固定 CO_2 约 2800t。中国绿色碳基金北京市房山区青龙湖镇碳汇造林项目是由中国石油天然气集团公司出资 300 万元，与房山区青龙湖镇在 2008~2028 年 20 年内共植碳汇林 6000 亩。建成后，预计每年可吸收 CO_2 近 4000t。

由于我国能源效率较低，减排空间大，减排成本与发达国家相比较低，在国际碳交易市场的交易中占有较大的优势。如图 8-1 所示，在开展 CDM 的发展中国家之中，我国已经超越韩国、巴西、墨西哥和印度等成为 CDM 最大的供应方。根据联合国 CDM 项目执行理事会（EB）网站的统计数据显示，截至 2012 年 2 月 23 日，我国共有 1817 个 CDM 项目成功注册，占东道国注册项目总数的 47.18%；如图 8-2 所示，预计产生的 CO_2 年减排量共计 363 315 732t，占东

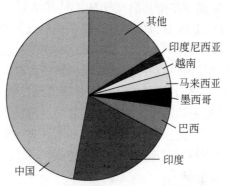

图 8-1　全球 CDM 项目成功注册分布

资料来源：国家统计局，2011

道国注册项目预计年减排总量的 64.01%。显而易见，在这个"碳时代"，我国无疑是一个极具影响力的国家，我国的森林碳汇交易市场有着极其广阔的发展空间。

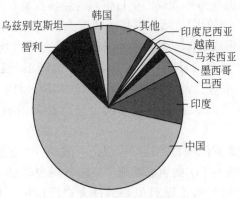

图 8-2　全球 CO_2 减排数量分布

资料来源：国家统计局，2011

8.1.2　我国森林碳汇项目的特点

我国的林业碳汇项目主要有两类，一类是在《京都议定书》规则规定下，称为"京都规则"的碳汇项目，根据国际公约和我国林业建设的现实情况，目前就我国正在实施和处于筹备阶段的几个林业碳汇项目而言，广西和内蒙古实施的林业碳汇项目是严格意义下的"京都规则"碳汇项目。而那些不受《京都议定书》规则限制所实施的造林绿化和森林管理等各项活动称为潜在的"非京都规则"的林业碳汇项目，如我国林业六大工程的造林、再造林森林碳汇活动都属于此类。将我国目前的林业碳汇项目建设特点总结如下：

首先，针对两类林业碳汇项目我国的政策是"两手抓，两手都要硬"。目前我国的自愿碳汇项目有很大进展，为我国带来了经济效益、生态效益和社会效益。林业六大工程稳步向前推进，成效显而易见，基本上实现了增加森林植被和减少毁林的预期目标。天然林商品材采伐调减和木材供给的调控政策得到落实，经过这些努力我国土地沙化得到有效遏制，水土流失情况有所好转，区域生态环境明显改善，除此之外林区人民的生活水平得到了改善，经济状况有明显好转。与此同时，"京都规则"下林业碳汇已经取得了实质性进展，广西和内蒙古碳汇试点项目已经开始展现其良好的发展前景和重要的引导作用。

其次，我国通过政策引导使两类碳汇项目发挥各自的优势，实现互补。"京都规则"下的碳汇项目是我国和附件 I 国家共同合作承办的，附件 I 国家在项目中获得经过核证的限排指标，而我国通过其他国家的技术支持、经济支持大力发展林业碳汇项目，从而获得林业碳汇项目带来的经济收益和森林实体带来的生态效益。"非京都规则"下的碳汇项目则是由我国大面积的造林绿化和加强森林管理活动所增加的碳汇形成的。虽然目前尚未形成碳交易市场，但其对"京都规则"下的碳汇项目却是有力补充。"京都规则"的碳汇项目和"非京都规则"的碳汇项目两者缺一不可，前者要求的是时效性和额外性，后者体现的则是计划性和普遍性，两者共同从资金和技术两个层面推动着我国林业建设事业的发展。

最后，我国这两类碳汇项目的指导思想是一致的。"京都规则"下的碳汇项目强调的是发挥森林吸收 CO_2 的生态功能，减缓气候变暖给人类生活带来的严重后果。而"非京都规则"碳汇项目也是通过大规模植树造林和森林管理活动，发挥森林的生态效益，为减少温室气体做出贡献。可见，保护并发挥森林的生态效益，改善环境既是两者的共同思想，也是林业碳汇项目的意义所在。发展两类林业碳汇项目是我国政府考虑了我国林业建设实际的一种理智选择，反映了我国对于国际形势的深刻认识。

8.2　分析我国森林碳汇市场现状并构建我国森林碳汇市场模式

我国目前的森林碳汇市场仍处于初步构建阶段，政府的参与度很高，没有真正体现出市场的力量和作用。在这种情况下进行交易缺乏效率，企业的自主选择权受到限制，交易价格偏离森林碳汇服务商品的真实价值。国家的过度干预也会阻碍全国性的统一森林碳汇市场的形成，也就不会有统一的交易规则和交易秩序与国际市场进行有效的链接。因此，为了能够实现高效率的森林碳汇交易，迫切需要建立一个全国性统一的森林碳汇市场。

基于我国林业建设的现状和森林碳汇市场发展的程度，单纯依靠"京都规则"来建设我国森林碳汇市场具有很大挑战性和不可确定性。为此，我国应借鉴"京都规则"的交易机制、市场模式和成功经验，将"非京都规则"森林碳汇市场建设作为我国今后努力的重点方向，使大量的未达到"京都规则"要求的森林碳汇能通过市场交易实现其价值。下面我们就对我国"非京都规则"森林碳汇市场建设进行简要分析。

8.2.1 建立我国"非京都规则"森林碳汇市场的障碍分析

首先，系统的管理机构和完备的交易规则缺失严重影响我国森林碳汇市场的发展。国内碳汇贸易市场的缺失，使得我国森林碳汇志愿市场的建立受到影响，碳汇交易只能停留在项目级别。没有市场的引导作用，单纯在政府的高度干预下达成的碳汇交易是缺乏效率的，企业没有任何的参考，只能被动地接受交易对象和交易价格，影响企业的参与积极性。我国的这种行政干预的方式对于形成全国性统一的市场交易规则和交易秩序有很大程度的不利影响，这样会导致我国企业在国际森林碳汇交易中处于被动接受的地位，没有发言权。因此，为了能够实现高效率的森林碳汇交易，我国迫切需要建立一个全国性统一的森林碳汇市场。

其次，我国森林碳汇市场参与主体缺乏碳汇相关知识。世界各国的政府部门、企业、公益组织、个人以及各类绿色碳基金均可以成为我国国内林业碳汇志愿市场的购买方；国内林业碳汇的提供者他们可能是国有林场、集体林场，也可能是个体农户以及其他拥有或经营森林资源的个人、企业以及其他实体等。而我们常常忽略的是第三方的中介机构，它也是林业碳汇志愿市场不可或缺的重要参与者。我国对以上这些林业碳汇市场的各类主体进行规范的工作还远远不够。进行具有信用交易性质的林业碳汇交易需要了解很多关于碳汇的专业知识，对其中的参与者要求很高，他们必须具备很强的专业知识才能参与市场交易。在我国参与林业碳汇志愿市场交易的供求双方基本都是传统型企业和个体农户，这些潜在市场参与主体对林业碳汇专业知识的缺乏阻碍了我国林业碳汇市场的发展。

最后，我国严重缺乏森林碳汇志愿市场的外部保障制度。森林碳汇贸易实际上就是将生态公益林生态效益直接市场化，通过市场手段将生态效益发展到经济效益。1998 年我国制定了《森林法》，该法案中明确规定对防护林和特种用途林要进行经济补偿，但这里面没有提到关于通过市场途径补偿的相关规则制度问题。除此之外，我国森林碳汇志愿交易的相关制度还不够完善。制度的缺失导致市场主体不规范，主体之间的权责无法明确，中介机构也无法按照规章制度办事。市场处于混乱状态，很难实现规模的进一步扩大。只有制度才能使得森林碳汇志愿市场的主客体同时得到规范，交易规则更加统一，促进森林碳汇志愿市场交易成本的降低、交易规模的扩大，使得整个森林碳汇志愿市场向规模经济的方向发展。

8.2.2　建立我国"非京都规则"森林碳汇市场的优势分析

森林碳汇市场的开发一般来讲需要具备三个重要因素：首先是对温室气体排放源的减排调整；其次是公众对碳汇市场的认可；最后是碳汇市场及交易规则的建立。可见，任何市场都是在供需相互作用的基础上产生的。我国具有开展林业碳汇项目的巨大潜力，我国已具备良好的自然条件、政策条件及人文条件。在我国林地丰富，政策采取了各种措施鼓励营林造林活动，广大人民群众也逐渐重视环境保护。由此看出，我国在森林碳汇的供给方面不会存在任何问题。

林业碳汇市场交易能否顺利进行在很大程度上取决于人众的态度和接受度。在以往已经发生的森林碳汇交易中我们不难发现，许多企业参与林业碳汇交易的目的是为了提升企业形象扩大影响力，同时获得学习关于碳汇知识的机会，为了参与到国际范围的森林碳汇大市场中积累经验。在国际社会和《京都议定书》的影响下，国内包括政府官员、学术界、一些大企业和非政府环境保护组织等已经纷纷认识到并开始关注大众的态度和接受度，这对林业碳汇市场的形成和发展有很大的促进作用。

2009 年数据统计显示，我国已经超过美国成为第一大温室气体排放国，我国 CO_2 排放量已经达到 60 亿 t，我国企业都面临着被强制减排的风险。具有长远眼光的企业能够很早就意识到随着《京都议定书》的正式生效，我国面临强制减排的风险会越来越大，所以他们提前做准备希望以最低成本规避、降低甚至消除风险。同时，企业也希望在这个过程中能够学习到参与温室气体排放权交易的经验，以便为将来可能遭受强制减排预先做准备。另外，企业为提升自身形象和影响力也会投资于森林碳汇交易。当今世界，随着环境问题严重影响到人们的生产和生活，越来越多的企业家认识到企业肩负的社会责任。当他们意识到增加森林碳汇服务以减缓全球气候变暖的重要作用时，参与这项碳汇交易和投资的积极性会很高。例如，中国石油天然气集团公司已于 2007 年 7 月捐资 3 亿元于中国绿色碳基金，用于开展以吸收固定大气中 CO_2 为目的的造林再造林、森林管理以及能源林基地建设等活动，由此看出中国企业完全有购买森林碳汇的意愿。因此，对于拥有众多国际性现代化企业的中国来说，森林碳汇这样的生态产品和服务应该具有比较大的需求。通过以上分析，我国在供给和需求方面都有着得天独厚的优势，国内统一的森林碳汇市场的形成指日可待。

8.2.3 以志愿市场为主体的森林碳汇市场是符合我国国情的合理选择

对于即将建立的中国森林碳汇志愿市场，其可能成为我国林业建设获取资金的重要来源之一。随着社会公众对全球温室气体减排与森林科学认识的不断深入，《联合国气候框架公约》和《京都议定书》的生效，以及企业对自身社会形象和社会责任的关注日益突出，政府对环境保护的呼声越来越高，人们购买森林碳汇服务的意识也将越发强烈。企业（尤其是那些即将面临温室气体减排的企业）、政府部门、公益组织和个人都有越来越大的购买需求，这就使得我国志愿森林碳汇市场可能成为森林建设以及管理资金，特别是公益性质的森林建设资金的重要来源之一。

森林作为陆地碳吸收的主体，在减缓气候变暖中的重要作用越来越受到国际社会的广泛关注。《京都议定书》的签署标志着森林碳汇服务的经济功能已经得到了国际社会承认。而在中国，虽然近年来政府已经做出各种努力，相继开展和实施了林业六大重点生态工程，国家对林业的投资力度也在进一步加大，但由于我国正处在发展阶段，资金补给不足，单纯依靠政府财政支持难以使林业完全摆脱"两危"困境。贫困山区农民和林场职工造林护林，无形之中为增加森林碳库，维护生态环境做出了巨大贡献，但所有的付出都无法获得相应的报酬，始终无法摆脱贫穷的生活状态。温家宝在十届全国人大三次会议上提出，为适应我国经济发展新阶段的要求，实行工业反哺农业、城市支持农村的方针。如果能够建立我国森林碳汇服务志愿交易机制，促使那些具有温室气体减排意识的公司自愿投入到林业建设中来，投资购买森林碳汇服务，既可以通过市场手段为林业生态建设开辟一条新的筹集资金的道路，同时达到工业反哺农业的目的，帮助农民摆脱贫穷的生活状态，又可以使面临温室气体减排的企业把握机遇和挑战，提高企业的社会形象和环境保护形象。

8.2.4 我国森林碳汇市场模式构建

国际森林碳汇市场的发展概括起来可以认为经历了 4 个阶段，而在这 4 个阶段中需求的产生表现在两个方面：一是志愿行为，表现为完全的公益活动，是企业的生态文化和社会责任建设的需求；二是"京都规则"强制下的行为，使得需求出现了"优柔寡断、断断续续、走势渐强"的市场信号。因此，为解决我国森林碳汇市场有效需求不足的矛盾，我们在策略和模式的选择上可以参考目前国际为减缓气候变化领域相关规则能够证实的强制和志愿相结合的两个策略和模式。采用强制和志愿相结合的策略和模式还可以有两种不同的选择形式：一种是政府主导型，如哥斯达黎加；另一种是市场主导型，如美国芝加哥气候交易所等。而我国应该结合自己国家的实际国情，创建具有中国特色的森林碳汇服务市场交易模式，无论是芝加哥气候交易所模式，还是哥斯达黎加模式都只能作为国内森林碳汇服务交易的一种参考模式，不能完全拿来套用。

我国森林碳汇市场处于一种"有行无市"的尴尬状态，毋庸置疑森林碳汇市场实际上属于碳市场的一部分，国内碳汇贸易市场的缺失，使得我国森林碳汇交易缺乏流动性和广泛性，导致市场的建立只能停留在项目级别的森林碳汇交易上。不可否认的是，按照混合经济的思想，要保障碳汇交易的有效实行，需要发挥市场对碳汇信用指标的基础性配置作用，政府则是在市场失灵时发挥作用，通过碳汇政策对市场进行适度引导。根据国际碳汇市场的形成过程和所展示的背景特征以及我国森林碳汇的现实情况，目前国内碳汇市场处在初步构建的阶段，应该更多地发挥政府的主导作用，采用政府主导型模式，管理政策的重心在于启动碳汇市场的有效需求，通过政策的强制力形成市场约束真正发挥市场的作用。具体措施需要依靠国家碳汇主管部门的强势介入，然后逐步上升为国家行为，加强国家的立法准备，促进碳汇交易的强制性市场形成。我国目前能够通过京都规则的碳汇项目寥寥无几，大部分碳汇项目的启动都要依靠具有社会责任的企业和公益性的环境保护组织落实行动，这种形式的碳汇项目占我国碳汇交易的大部分，属于非京都碳汇市场，我国要培育和鼓励碳汇志愿市场的形成和发展。我国目前的选择就是以非京都碳汇市场为主体市场，京都碳汇市场为辅助市场。推行京都碳汇市场的建设源于京都规则的考虑，尝试非京都碳汇市场模式则是在京都规则的深刻影响下对非京都规则的设计，如图8-3所示。

京都碳汇市场上交易的碳汇项目是我国和规定国家按"京都规则"严格实施的项目级合作，这类碳汇项目审查要求严格，实施规则复杂，申请周期长，对时效性和额外性的要求高，但是从申请到项目获得批准需要经历一个很长的周期。项目一旦获得批准开始实施，森林碳汇的提供者将通过市场途径获得回报。但京都碳汇市场对森林碳汇项目的审批非常谨慎，规定由造林和再造林产生的CO_2减排量不能超过规定国家应承担减排量的5%，因此整个碳汇市场很难在外延上进行扩展；此外，森林碳汇项目比其他工业减排项目更难通过 EB 的审核。我国仅有在广西进行的"中国广西珠江流域再造林项目"是按《京都议定书》CDM 实施的森林碳汇项目。2006 年由造林和再造林活动产生的碳交易量仅占"京都规则"碳市场总交易量的1%。

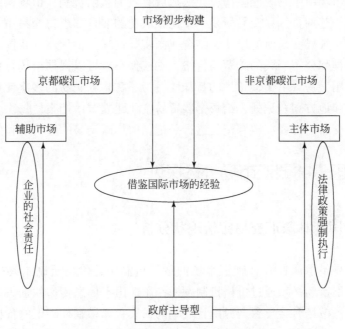

图 8-3 我国森林碳汇市场模式构造图
资料来源：森林碳汇服务市场化研究，2008

"非京都规则"碳汇市场上的碳汇存在两种情况：一是由我国现阶段正在进行的大面积的造林绿化和加强森林管理特别是林业六大工程所增加的，但尚未形成碳市场交易的碳汇部分；二是由我国私人企业、绿色环境保护组织等与国际组织或机构合作进行的造林项目所生成的，可以在自愿碳市场上通过交易实现回报的碳汇部分。在自愿碳汇市场上交易的森林碳汇项目不需要报 EB 审批，可以由具备资格的实体组织自行审批和核证，交易程序相对简化。2007 年起，我们鼓励企业捐资造林，成效显著。在国家的重视下，现在民政部批准成立了全国性公募基金会——中国绿色碳汇基金会，企业捐资到碳汇基金造林，所造林木归农民所有，企业获得碳汇指标，起到了工业反哺农业、城市反哺农村的作用。这样的操作模式实际上是自愿碳汇市场的模式。

综上所述，我们不应该单纯依靠"京都规则"碳汇市场的森林碳汇交易来解决我国的林业融资困难问题。我国应借鉴"京都规则"下碳汇市场的交易机制，将建设的重点转移到"非京都规则"森林碳汇市场上，使大量的未达到"京都规则"要求的森林碳汇能通过市场交易实现价值，扩充我国森林碳汇市场总体的容量。京都碳汇市场的制度和规则比较完善，市场化实现程度相对较高；

非京都碳汇市场由于是志愿减排，无法形成有效的激励机制，市场机制还没有真正形成。鉴于芝加哥气候交易所是一个比较成功的非京都志愿交易市场，我们可以仿照芝加哥气候交易所的模式，结合我国实际情况，设计建立我国的碳贸易市场，每天都挂牌公布当天的碳贸易价格，碳权拥有者可以根据市场行情在碳贸易市场进行信用交易。由于碳贸易的特殊性，为了防止碳交易的多次使用，我国可以建立国家和地方碳登记处，给每个碳贸易企业建立诚信档案，每次企业在碳贸易市场进行交易时都要在碳登记处进行登记，增加碳交易的透明度和公平性。

8.3 中国森林碳汇市场价格探讨

8.3.1 我国森林碳汇交易定价现状分析

我们不得不承认在森林碳汇市场的运行机制中，价格机制始终处于核心地位，森林碳汇市场必须通过价格机制发挥作用。由于信息传递的损失价格机制在调节森林碳汇市场时会导致资源配置效率的损失。如果森林碳汇的价格不能准确核算和确定，会进一步增加这种传导机制中的不确定性，从而导致资源配置效率的进一步损失。因此，定价对于森林碳汇交易来说就显得尤为重要，但是目前我国仍然没有形成一个科学的定价体系，没有一个有效的价格机制，导致我国的碳汇交易无据可循，现阶段我国森林碳汇交易定价机制不完善，存在很多漏洞，导致定价机制缺失的根源有如下几点：

首先，我国民众对温室气体减排问题还没有一个清醒的认识，全民意识薄弱。虽然环境保护、温室效应以及低碳经济等已成为家喻户晓的名词，但是，我国还没有形成低碳减排的全民意识和集体凝聚力。尤其是节能减排和企业自身的经济利益相冲突时，企业会更多地考虑眼前经济利益的得失，节能减排问题已经抛之脑后。分析其主要原因在于我国目前还没有对企业实施减排压力，没有行之有效的政策措施鼓励全民主动自觉地参与低碳减排。社会各种资源包括私人资本和金融资源在节能项目上并没有得到有效的集中。

其次，企业自愿减排态度不明确与市场有效需求不足。节能减排原则上主要是以自愿为主，企业自愿确定目标、设计规则并依据规则参与交易。我国企业不受碳排放限额的硬性约束，国家没有行之有效的政策措施鼓励企业购买森林碳汇，企业自愿购买森林碳汇服务完全出于树立企业社会形象扩大影响力和承担社会责任或者在绿色供应链中跨国公司要求我国供应商具有碳足迹的核证，这就决定了企业并不会形成购买碳排放权的习惯。因此就我国目前情况来看，能够很容易找到卖 CO_2 排放权的企业，但是国内的有效需求不足，很难在国内实现供给需求的均衡市场，如图 8-4 所示。

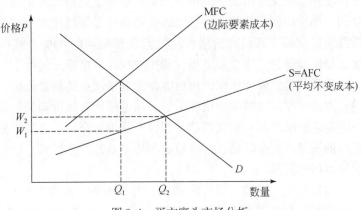

图 8-4　买方寡头市场分析

最后，我国目前还没有自己的碳汇市场，因此缺少完善的市场交易机制和定价机制。我国国内并没有自成体系的成熟碳汇交易市场。具体表现在碳排放权初始配额分配市场的缺失，碳排放权的稀缺和碳减排成本都不能通过市场来表现。由于有效需求不足，在碳排放权的二级市场中供求机制不能有效地发挥作用。除此之外，我国碳金融发展比较滞后，银行为碳汇交易提供融资等服务的项目和产品寥寥无几，碳金融衍生品仍处于空白阶段，这样也就无法在碳汇市场上发挥期货和期权的价格发现和风险规避的功能。因此，受国内碳汇交易市场成熟度和机制缺失的制约，我国碳汇供给企业自然很难拥有碳汇定价权。

8.3.2　我国森林碳汇交易价格存在的问题

我国森林碳汇交易还不是十分普遍，参与碳汇交易的方式也是非常有限的，其价格主要取决于国际性的碳汇交易所，如欧盟排放权交易制和英国排放权交易制。这在一定程度上导致森林碳汇的供给者和需求者之间存在较大的价差，使交易中介获得套利机会，会大大降低碳汇交易效率。而且，由于信息不畅通会导致国内企业面临较大的碳汇交易的成本和风险。

1）我国森林碳汇交易存在巨大的买卖差价与国际套利

森林碳汇的价格受国际碳交易价格的影响较大，所以我们要重点考察我国碳交易价格现存的问题。在国际碳交易市场上，2009 年碳交易价格通常为 8~15 欧元/t。2009 年 6 月，我国卖给欧洲买家的核证减排量现货价格为 11 欧元/t 左右，而同样地于 2014 年 12 月到期的欧盟配额的期货价格却高达 19 欧元/t。CDM 包括一级交易市场和二级交易市场，其中一级交易市场是指初次发生的远期经核准的减排量合同，单价以固定价格为主；二级交易市场是指经核准的减排量远期合同签约之后发生的交易，其最高价格可达欧盟碳排配额的 80%。我国所参与的无论是一级交易市场还是二级交易市场，碳排放权的价格都远远低于发达国家的市场价格，交易利润被大幅度压缩。国内碳排放处于产业链的最低端，其创造的核证减排量被发达国家以低廉的价格购买后，通过国际金融机构的包装和开发重新成为价格更高的金融产品、衍生产品及担保产品进行交易。这种价格困境使得我国企业交易的积极性大幅降低，经济效益和环境效益严重削弱，已经严重阻碍了我国碳交易市场的发展。

此外根据项目类型的不同，现价标准也会有所不同，成交价格一般在 10 欧元/t 左右，而欧洲气候交易所公布的二级市场价格，基本都在 12 欧元/t 以上，甚至达到 20 欧元/t。来自发展中国家的企业创造的森林碳汇只能被交易中介购买，而后再经过金融机构开发为碳交易权的金融产品、衍生产品及担保产品，以更高的价格卖给被强行要求温室气体减排的发达国家中的各种企业。碳交易中介机构从中获取大量套利收益，我国企业从交易中所获取的用于治理碳排放的费用就大大减少了，从而影响我国企业对森林碳汇的供给，这实际上降低了碳交易治理碳排放污染的效率。

2）高昂的交易成本必然会使碳汇价格上升

建设森林碳汇项目是一个巨大的工程，它不仅包括项目的投资者、开发者、管理者以及碳汇的生产者，它还包括基线的确定者、碳汇信用的发放者和律师等。因此，森林碳汇的交易成本不仅包括了进行正常的林业投资，还包括很多额外的费用。

首先，信息搜寻成本与道德风险会加大森林碳汇的交易成本。国际碳汇交易价格的变化具有很强的动态性，其决定因素主要包括国际相关政策的制定，法律约束环境以及市场的供求关系等。由于国内碳汇交易二级市场的缺失，企业对碳汇交易机制和价格信息的搜集非常困难，需要花费较大的代价完成信息的搜集工作，这就给交易中介提供了获取大量套利收益的机会，增加了交易中的道德风险以及交易成本。其次，交易的时间成本与违约风险也是造成成本过高的主要因素。国际碳汇交易项目的审批程序复杂，需要经历重重审查，从而导致较长的申请周期。因而，碳汇交易企业获取收益也需要经历很长的时间。而且，还有很多项目因为达不到要求不能批准，如果项目被拒绝，则前期的投入就成了沉没成本。同时，项目还存在很大的违约风险。

目前，各国学者对森林碳汇交易成本进行划分和衡量的依据主要是森林碳汇服务交易项目的实施程序发生的费用。Stavins（1995）将森林碳汇交易成本分为搜寻与信息成本、讨价还价与决策成本、监测与强制实施成本三种成本；Dudek 和 Wienar（2002）将交易成本进一步划分为搜寻成本、谈判成本、批准成本、监测成本、强制实施成本以及保险成本六类；Oscar 等（1993）在 Dudek 和 Wienar 的划分基础上，又将其分为搜寻成本、谈判成本、核实和认证成本、执行成本、监测成本、强制实施成本以及保险成本；Stefano 等（2002）回顾了世界各地所发生森林碳汇交易的项目，将交易成本分为六种类型，即项目识别、项目设计和执行、项目监测、强制实施和风险管理、主办国和国内项目检查以及市场交易；Alex 等（2005）根据 CDM 项目的实施程序将项目交易成本详细地划分为搜寻成本、谈判成本、项目文件设计成本、批准成本、生效成本、登记成本和最小固定成本等；我国学者林德荣（2005）认为，按照 CDM 造林再造林碳汇交易项目的执行程序，可以将森林碳汇交易市场的交易再细分为搜寻成本、谈判成本、项目文件设计成本、批准成本、正式生效成本、注册成本、监测成本、认证成本、强制实施成本等。

按照 CDM 碳汇交易的实施程序，森林碳汇市场所发生的许多交易成本，如搜寻成本、项目文件设计成本、正式生效成本以及监测成本等是固定的，一般不随项目规模的不同而发生改变。Aelx 等的研究表明，CDM 项目的固定交易成本最少为 150 000 欧元，假设 CDM 造林再造林的碳汇交易价格为每吨 CO_2 3 欧元，由于存在固定交易成本，碳汇信用量为 50 000t 的 CO_2 碳汇项目将无利可图（Alex，2005）。根据世界银行原型碳基金（PCF）公布的信息，PCF 实施的森林碳汇项目前期各阶段的交易成本见表 8-2。这些成本基本上属于固定不变的交易成本，不随交易量或交易项目的变化而改变。将各阶段成本相加，我们可以得到世界银行所实施碳汇项目的前期交易总费用大约为 210 万 ~ 310 万元。因此，PCF 认为，温室气体总减排量少于 300 万 t 的 CO_2 项目将会因为交易成本的存在而失去吸引力。对于需求双方来说，不管哪方承担高额的前期交易成本，后果基本相同，均会降低森林碳汇交易市场的实际交易量以及市场规模，从而导致森林碳汇交易对供求双方的吸引力降低。

我国的森林碳汇市场还处于初步发展的阶段，各项技术和政策措施不太完善，再加上林权混乱等历史遗留问题，更增加了森林碳汇交易项目的实施成本，最终减弱了对投资者的吸引力。

表 8-2　林业碳汇信用项目的主要交易成本

执行阶段	涉及设计成本/万元	耗费时间/月
前期准备（可行性调研、项目意见书）	10~20	3~5
基准线测量	40	2
项目规划、环境–社会效益评估	10~40	2
审核、申报（国际、国内）	50~60	3~4
谈判与签约	100~150	3

资料来源：森林碳汇服务市场化研究，2008

3）纯粹卖方地位与国际买方垄断使我国在价格问题上不占据任何优势

目前，我国企业在全球碳汇交易市场中仍然处于纯粹卖方地位，国内很多碳汇交易企业对该领域的了解并不深入，再加上我国对碳汇研究开始的也比较晚，研究也不充分，在国际碳汇市场上没有充足的话语权，我国企业对于全球市场供需情况和其他碳交易项目的价格知之甚少，导致买方在成交价格方面占有绝对的优势，我国企业无法获得一个自由竞争条件下的国际市场价格，交易也不够透明和公开，只能被动地接受买方的价格。同时，交易的相关规则要遵循国际交易所的规定，由于国际经济的风云变幻其政策的稳定性较差，都会给我国碳汇交易企业带来较大的风险。

在森林碳汇市场建设初期，受各方面信息和研究深度的影响，大部分的国内企业还没有购买森林碳汇的意识，更不会落实到购买行为，所以不会与国外买家形成竞争，现状仍然是只有国外买家充斥在我国林业碳汇市场上，买方垄断局面由此产生。买方在价格谈判中占有绝对优势，他们可以人为地降低碳汇产品的价格。从图 8-4 可以看出，市场处于竞争状态下需求数量应为 Q_2，但是在买方垄断的局面下，购买者会把需求数量压缩到 Q_1，同时，对 Q_1 单位的支付价格为 W_1，显然低于竞争状态下的价格水平 W_2。此外，由于买者有限，供给方相对较多，对于那些只考虑自身短期利益的供给方，他们很可能采取恶性竞争导致森林碳汇供给价格下降而让国外买方受益。

4）缺失定价权

根据《京都议定书》的规定，发展中国家无需承担相应的减排义务，但要承担"共同但有区别的义务"。发展中国家不能将碳交易配额直接出售到欧洲市场，卖出的碳排放权主要是由一些国家碳基金以及公司通过世界银行等机构购买，然后进入欧洲市场，因此，我国的企业不能直接接触国际碳交易的最终买家，处于纯粹的卖方地位。现在中国 CDM 的卖家接触到的通常只有 5～10 个买家，得到的报价也都相差无几。我国碳汇交易企业对该行业的了解较少，信息比较缺乏，既不了解全球碳交易市场的供需情况，也不了解其他 CDM 的价格。同时，国家为了引进国外买方，还出台了一系列的优惠政策，使得国外买方在成交价格方面占有绝对的优势，最终造成了碳排放市场的暗箱操作，使得成交价与国家市场价格相差甚远。

8.3.3 根据影子价格确定我国森林碳汇的价格

根据李顺龙的研究（李顺龙，2006），按照蓄积量转化法，森林碳汇的核算公式简化为

$$C_F = 2.439 \ (V_F \times 1.9 \times 0.5 \times 0.5) \tag{8-1}$$

式中，C_F 为森林碳汇量；V_F 为森林蓄积量；数字均为转换系数。根据式（6-3）和式（6-4）森林碳汇核算公式的理论模型，由表 8-3 得出表 8-4 的计算结果。我们设定显著性标准为 0.05，由表 8-6 得出显著性值小于 0.05，认为具有统计学意义。模型 F 值为 6.429，表示模型成立。

表 8-3　森林碳汇核算的基本数据

年份	GDP /亿元	森林蓄积量 /亿 m³	森林年生长量 /(亿 m³/a)	采伐量 /(亿 m³/a)	枯损量 /(亿 m³/a)	小计 /(亿 m³/a)
2000	99 214.6	124.56	4.97	3.65	0.88	4.53
2001	109 655.2	124.56	4.97	3.65	0.88	4.53
2002	120 332.7	124.56	4.97	3.65	0.88	4.53
2003	135 822.8	124.56	4.97	3.65	0.88	4.53
2004	159 878.3	124.56	4.97	3.65	0.88	4.53
2005	183 217.5	135.71	4.97	3.65	0.88	4.53
2006	211 923.5	135.71	4.97	3.65	0.88	4.53
2007	249 529.9	135.71	4.97	3.65	0.88	4.53

资料来源：中国国家统计局网站统计数据

经回归后的 $C(k)$ 显著，可解释 $C(k+1)$，回归模型的系数见表 8-6。因此，森林碳汇的核算模型为

$$C(k+1) = 1.02C(k) + 39.325 \tag{8-2}$$

在核算模型中，由于 $G(k)$、$W(k)$ 和 $L(k)$ 没有显著变化，固忽略其影响。

表 8-4　森林碳汇量计算结果

年份	GDP /亿元	森林蓄积碳储量/亿 t	森林年生长碳量 /(亿 t/a)	采伐量 /(亿 t/a)	枯损量 /(亿 t/a)	小计 /(亿 t/a)
2000	99 214.6	144.30	5.75	4.23	1.02	5.25
2001	109 655.2	144.30	5.75	4.23	1.02	5.25
2002	120 332.7	144.30	5.75	4.23	1.02	5.25
2003	135 822.8	144.30	5.75	4.23	1.02	5.25
2004	159 878.3	157.30	5.75	4.23	1.02	5.25
2005	183 217.5	157.30	5.75	4.23	1.02	5.25
2006	211 923.5	157.30	5.75	4.23	1.02	5.25
2007	249 529.9	157.30	5.75	4.23	1.02	5.25

表 8-5　模型方差分析表

因素分析	平方和	自由度	平均平方和	F 值	$Sig.$ 值
回归方差	162.964	1	162.964	6.429	0
残差	126.750	5	25.350	—	—
总和	289.714	6	188.314		0

表 8-6　回归模型系数

因子分析	回归系数	标准误差	标准化回归系数	t 值	$Sig.$ 值	容忍度	VIF
$C(k)$	1.020	0.012	0.999	81.126	0	1.000	1.000
常数	39.325	44.373	—	0.886	0.416	—	—

林木资源碳储量的消耗和经济发展之间存在一定的关系，尤其是森林采伐损失的碳储量和 GDP 之间存在二次曲线关系。根据表 8-4 中的数据，采用 SPSS 软件计算二者之间的具体关系式为

$$GDP = -7\,343\,062\,440 + 3\,516\,775\,471L(k) - 412\,558\,604L^2(k) \quad (8\text{-}3)$$

根据有关研究，到 2020 年我国森林覆盖率达到 23% 以上，假设在 2020 年我

国的森林单位面积蓄积量可以提高到世界平均水平 $100\text{m}^3/\text{hm}^2$，森林总蓄积量可超过 200 亿 m^3（张颖等，2008）。因此，按照 2020 年的最大目标计算，如果以 2000 年为初始点，到 2020 年，我国森林蓄积量为 $V(21)=200$ 亿 m^3，此时，森林碳储量为 $C(21)=2.439\,[V(21)\times1.9\times0.5\times0.5]=231.71$ 亿 t，按照目前国际上通用的碳汇价格（10～15 美元/t）的下限计算，2020 年森林碳储量总价值为 2317.1 亿美元。此时，根据状态方程，终端约束为 $10.2C(k)+393.25=2317.1$。因此，性能指标变为

$$\min J_{21}=10.2C(k)-1923.85+\sum_{1}^{20}\left[-7\,343\,062.440+3\,516\,775.471L(k)\right.$$
$$\left.-412\,558.604L^2(k)\right] \tag{8-4}$$

根据有关研究报告，2020 年我国森林每年采伐利用总量可达到 10 亿 m^3 以上，折算成森林生物碳储量为 11.59 亿 t（刘于鹤和林进，2008）。因此，森林碳汇的状态方程为

$$\begin{cases}C(k+1)=1.02C(k)+39.325\\C(k_{2000})=144.30\\C(k)\geqslant0,\ 0\leqslant L(k)\leqslant L(k)_{\max}=11.59\end{cases} \tag{8-5}$$

令哈密顿函数 $H(k)$ 为

$$H(k)=H[C(k),L(k),\lambda(k+1),k]=10.2C(k)-1923.85-7\,343\,062.440$$
$$+3\,516\,775.471L(k)-412\,558.604L^2(k)+\lambda T(k+1)\times1.02C(k)=-7\,344\,986.29$$
$$+3\,516\,775.471L(k)-412\,558.604L^2(k)+[1.02\lambda T(k+1)+10.2]C(k)$$

由伴随方程

$$\lambda(k)=\frac{\partial H^*(k)}{\partial C^*(k)} \tag{8-6}$$

得

$$\dot{\lambda}(k)=\frac{\partial H^*(k)}{\partial C^*(k)}=1.02\lambda(k+1)+10.2 \tag{8-7}$$

由耦合方程

$$\frac{\partial H^*(k)}{\partial L^*(k)}=0 \tag{8-8}$$

得

$$\frac{\partial H^*(k)}{\partial L^*(k)}=3\,516\,775.471-825\,117.208L(k)=0 \tag{8-9}$$

进一步求得

$$L^{*}(k) = 4.26 \qquad (8\text{-}10)$$

同样，由横截条件

$$\frac{\partial \varphi^{*}(N)}{\partial C^{*}(N)} = \lambda^{*}(N) \qquad (8\text{-}11)$$

得

$$\lambda^{*}(N) = 10.2 \qquad (8\text{-}12)$$

这里，求得的 $\lambda^{*}(N)$ 为 10.2 美元/t，即为 2020 年每吨碳的影子价格。如果按照国际上通用的碳汇价格 10~15 美元/t 的最高价格计算，此时 2020 年每吨碳的影子价格为 15.3 美元。因此，以国际上通用的碳汇价格为基准，我国森林碳汇的最优价格应保持在 10.2~15.3 美元/t。此时，每年森林采伐利用量应为 4.26 亿 m^3。

因此，根据上述计算结果我们认为我国森林碳汇的最优价格为 10.2~15.3 美元/t，与国际通用的碳汇价格基本保持一致，略高于国际水平，反映了我国森林碳汇市场的现状和存在的问题，具有实际的指导意义。

具体到我国森林碳汇市场来说，为体现公平和效率原则，我国森林碳汇的价格制定既不能采取哥斯达黎加式的政府统一标准，也不可能完全照搬芝加哥气候交易所模式，在参考国外成功交易市场的基础上结合中国的实际国情，对不同区域的森林碳汇交易实行指导性价格，造林条件相似区域的价格形成通过竞拍或交易双方谈判的方式进行协商，从而向市场的实际供求靠拢。但从实际来看，确定碳汇价格的国内意义大于国际意义。

8.3.4　根据期权理论确定我国森林碳汇交易价格

我国的森林碳汇交易市场尚处于起步阶段，政策措施、市场机制方面均未完善，在价格方面也未建立相应的价格体系，信息、价格均不透明。尤其是定价权的缺失，使我国的森林碳汇交易价格陷入困境，严重制约了我国森林碳汇交易市场的发展。在市场经济中，价格是调节资源配置的重要手段。要想掌握定价权，就必须要充分发挥市场机制和价格机制的作用，实现资源的高效配置。本节拟将期权理论引入森林碳汇交易市场的定价中来，为我国森林碳汇交易的价格确定提供借鉴。

1）期权机制的优越性

首先，将期权机制引入森林碳汇交易市场有利于增进交易的总量以及交易的活跃度。期权机制的引入，不仅保留了免费分配下初期投入成本较小的特点，能够有效消除厂商的抗拒心理，而且具有公平合理、符合市场交易的特点，可以规范和活跃市场。美国的"酸雨计划"就是一个成功的范例，在引入期货拍卖的机制后，整体交易情况得到了很大的改善。

其次，期权机制的引入能够规避森林碳汇交易过程中的风险。期权的引入在保证厂商合法排污权利的同时，也在某种程度上规避了碳交易的风险。期权中蕴含的权利和义务是不对称的，风险和收益也是同样不对称的。对于碳排放权来说，无论情况如何变化，它的成本都是固定的且相对较小的，收益则是不固定的。合理利用碳排放权期权不仅能够降低交易的风险，而且能够给厂商带来很大的收益。

最后，期权机制的引入可使森林碳汇交易的具体操作更加灵活和更加便捷。国家在碳排放权的初始分配时，可以考虑将期权和实际碳排放权配额搭配出售。有需求的厂商可以按照自身的需求进行选购，这样既可以保证厂商的需求得到满足，又增加了碳交易市场的灵活性和可操作性。对于特定的企业，除了在初始分配时接受期权或现货形式的碳排放权配额，同时还可以自由地在市场上进行期权和配额的交易，在需要进行合法排污时可以选择使用碳排放权的配额或者使用执行期权（殷鸣放等，2010）。

2）基于 B-S 期权定价模型的假设条件

（1）无套利机会。由于碳排放权资源是一种公共资源，其产权归属于国家，为了有效地利用碳排放资源，国家对碳排放权交易的行为进行限制，防止了碳排放权交易中的套利行为。

（2）无红利发放。碳排放权期权相当于无红利发放的股票期权，在持有期权期间无任何红利、股息等发放。

（3）无交易成本。无摩擦之市场，也即无交易成本、税负等，且证券可以无限分割。引入期权机制之后，市场更加成熟，交易成本减少，在政府不以税收形式干预下，可以认为市场是无摩擦的。故本书在研究碳排放权期权定价模型时不考虑碳排放权期权交易成本，近似认为是无交易成本的。不同规模企业间的碳排放权交易数量差异较大，其数量也是高度可分的；不发生大规模技术更新情况下的碳排放期权交易市场价格变动相对稳定。

（4）碳排放权期权交易。在密集的等间距的时间点 Δt，$2\Delta t$，$3\Delta t$ 上发生碳排放权期权交易，对于碳排放权期权交易连续发生的情况，可以看作 $\Delta t = 0$ 的特殊情况。

3）定价模型中的参数确定

由于我国的碳交易数据较难获得，本书拟使用 EUA 丰富的数据进行模拟，构建一个以欧盟配额 EUADEC-10 为基础的期权，期权的有效期为 1 年。EUADEC-10 为 EUETS 第二阶段的 EUAS 合约，于 2010 年 12 月进行交割。本书拟通过期权的定价模型来确定最终碳排放期权的价格，为我国碳期权和碳衍生品的定价有着理论指导和借鉴性的意义。

（1）标的物市场价格。在碳排放权期权市场建立的初期，可以参照 2010 年 1~12 月的交易数据，本书以欧洲气候交易所当天的收盘价格为现货价格。该参数的估计存在某种不确定性，但理论市场价格不应低于初次分配时社会治理单位污染的平均成本。

（2）敲定价格。敲定价格相当于购买期权的厂商为一定量的碳排放权所付出的实际价格，这一价格制定的依据是对将来期权执行时社会治理单位污染平均成本的估计和预判。

（3）距离到期日前的剩余时间。在期权机制引入初期，我国可以考虑由政府在每年年初确定以定价方式出售的碳排放权期权和碳排放权配额，并且规定期权的有效期为 1 年。随着期权机制在国内发展和完善，可以延长期权的到期期限至多年，从而实现碳排放权储蓄使用的交易机制。

（4）标的物价格波动幅度向相关的关系。因此波动幅度也是碳排放权的一个价格指标，反映了价格波动的水平。碳排放期权的隐含波动率在计算时是以"调整后的交易日"为计算基础，而非以日历日来衡量。所以，以日历日为基础计算的隐含波动率应调整为以交易日为计算基础，以正确表达每日的波动程度。即以修正后交易日为计算基础的隐含波动率应该是以日历日为计算基础的隐含波动率乘上两者天数平方根的比值，即

$$\delta_t = \delta_c \sqrt{\frac{N_c}{N_t}} \tag{8-13}$$

式中，δ_t 为修正交易日后计算的隐含波动率；δ_c 为以日历日为基础的计算隐含波动率。

（5）无风险利率。无风险利率理论上应采用债券市场上存续期最接近期权到期日且存续期在 30 日以上的国家债券利率，并取买卖报价的平均值作为有效利率。但由于利率的期限结构一般是不平坦的，不同到期日的国债收益率不同。在计算中，可以采用所研究期间的国债收益率或利率结构隐含的远期利率作为无风险利率。

4）实例测算

根据 NORD POLL 网站上每周 EUADEC-11 的收盘价，得到 2010 年 1 月 11 日到 2010 年 12 月 13 日 48 周的成交价格，如图 8-5 所示。

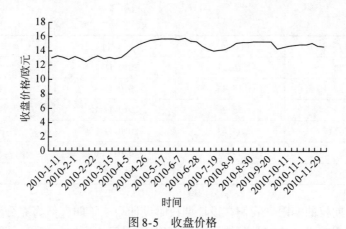

图 8-5　收盘价格

具体成交价格见表8-7。

表 8-7　收盘价格表　　　　　　（单位：欧元）

时间	收盘价格	时间	收盘价格
2010-1-11	13.00	2010-5-17	15.65
2010-1-18	13.34	2010-5-24	15.68
2010-1-25	13.13	2010-5-31	15.71
2010-2-1	12.86	2010-6-7	15.74
2010-2-8	13.27	2010-6-14	15.58
2010-2-15	12.95	2010-6-21	15.77
2010-2-22	12.52	2010-6-28	15.42
2010-3-1	13.00	2010-7-5	15.36
2010-3-8	13.30	2010-7-12	14.69
2010-3-15	12.90	2010-7-19	14.35
2010-3-22	13.12	2010-7-26	14.01
2010-3-29	12.92	2010-8-2	14.12
2010-4-5	13.09	2010-8-9	14.23
2010-4-12	13.70	2010-8-16	14.65
2010-4-19	14.42	2010-8-23	15.07
2010-4-26	14.95	2010-8-30	15.18
2010-5-3	15.25	2010-9-6	15.23
2010-5-10	15.54	2010-9-13	15.28

续表

时间	收盘价格	时间	收盘价格
2010-9-20	15.32	2010-11-1	14.80
2010-9-27	15.34	2010-11-8	14.90
2010-10-4	15.36	2010-11-12	14.96
2010-10-11	14.63	2010-11-29	15.08
2010-10-18	14.51	2010-12-6	14.75
2010-10-25	14.71	2010-12-13	14.59

第一，期权的期限。我们在设计期权时设计为1年期，但为充分利用数据以及更加贴近真实成交价减少估算，在这里拟用48周为周期的期权，即2010年01月11日到2010年12月13日总计337个交易日。期权有效期应折合成年数来表示，即期权有效天数与一年365天的比值。期权有效期为337天，则

$$\Delta_t = \frac{337}{365} = 0.9233 \tag{8-14}$$

第二，无风险利率。无风险利率取欧洲市场两年期公债利率1.243%。由于模型中无风险利率必须是连续复利形式。简单的或不连续的无风险利率（设为R）一般是一年复利一次，而r要求利率连续复利。因此，R必须转化为r方能代入公式计算。由式（2-7）两者换算关系为

$$r = \ln(1+R) = \ln(1+1.243\%) = 0.01235 \tag{8-15}$$

第三，期权的敲定价格为15欧元，欧式看涨期权，$X = 15$

第四，计算期权的历史波动率。通过EUADEC-10历史价格数据的波动情况（表8-7）进行估算EUADEC-10的波动率，计算结果见表8-8。

表8-8 连续复合收益率表

时间	收盘价格	价格对数	连续复合收益率/%
2010-1-11	13.00	2.56	
2010-1-18	13.34	2.59	2.5818
2010-1-25	13.13	2.57	−1.5867
2010-2-1	12.86	2.55	−2.0778
2010-2-8	13.27	2.59	3.1384
2010-2-15	12.95	2.56	−2.4410
2010-2-22	12.52	2.53	−3.3768

时间	收盘价格	价格对数	连续复合收益率/%
2010-3-1	13.00	2.56	3.7622
2010-3-8	13.30	2.59	2.2815
2010-3-15	12.90	2.56	−3.0537
2010-3-22	13.12	2.57	1.6910
2010-3-29	12.92	2.56	−1.5361
2010-4-5	13.09	2.57	1.3072
2010-4-12	13.70	2.62	4.5547
2010-4-19	14.42	2.67	5.1120
2010-4-26	14.95	2.70	3.6095
2010-5-3	15.25	2.72	1.9540
2010-5-10	15.54	2.74	1.9166
2010-5-17	15.65	2.75	0.7054
2010-5-24	15.68	2.75	0.1915
2010-5-31	15.71	2.75	0.1911
2010-6-7	15.74	2.76	0.1908
2010-6-14	15.58	2.75	−1.0217
2010-6-21	15.77	2.76	1.2121
2010-6-28	15.42	2.74	−2.2444
2010-7-5	15.36	2.73	−0.3899
2010-7-12	14.69	2.69	−4.4940
2010-7-19	14.35	2.66	−2.3251
2010-7-26	14.01	2.64	−2.3804
2010-8-2	14.12	2.65	0.7821
2010-8-9	14.23	2.66	0.7767
2010-8-16	14.65	2.68	2.9088
2010-8-23	15.07	2.71	2.8266
2010-8-30	15.18	2.72	0.6943
2010-9-6	15.23	2.72	0.3454
2010-9-13	15.28	2.73	0.3442
2010-9-20	15.32	2.73	0.2614

续表

时间	收盘价格	价格对数	连续复合收益率/%
2010-9-27	15.34	2.73	0.1305
2010-10-4	15.36	2.73	0.1303
2010-10-11	14.63	2.68	-4.8693
2010-10-18	14.51	2.67	-0.8236
2010-10-25	14.71	2.69	1.3350
2010-11-1	14.80	2.69	0.6609
2010-11-8	14.90	2.70	0.6565
2010-11-12	14.96	2.71	0.4019
2010-11-29	15.08	2.71	0.7989
2010-12-6	14.75	2.69	-2.2126
2010-12-13	14.59	2.68	-1.0907

将这些收益率表示成连续的曲线可以清楚地看出期间内收益率的波动情况，具体趋势如图 8-6 所示。

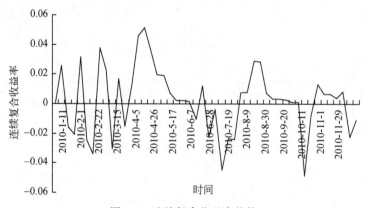

图 8-6　连续复合收益率趋势

根据表 8-8 中的连续复合收益率数据，使用 EXCEL 程序计算其标准差就得到了相应期间内的波动率，称为期间收益波动率期间：

$$\delta_t = 0.022\ 505\ 063 \tag{8-16}$$

由于在 B-S 模型公式的计算中需要的是年收益波动率，因此，需要将上述波动率转化为年收益波动率：

$$\delta^2 = \delta_t^2 + (一年中包含的期数) = \delta_t^2 \times \frac{365}{337} \tag{8-17}$$

即可求得

$$\delta = 0.023\,421\,339 \tag{8-18}$$

$$d_1 = \frac{\ln\left(\dfrac{S_0}{X}\right) + (r+0.5\delta^2) \times \Delta_t}{\delta\sqrt{\Delta_t}}$$

$$= \frac{\ln\left(\dfrac{14.59}{15}\right) + (0.012\,35 + 0.5 \times 0.000\,548\,559) \times 0.923\,3}{0.023\,421\,336 \times 0.960\,885}$$

$$= -0.713\,516\,5 \tag{8-19}$$

$$d_2 = d_1 - \delta \times \sqrt{\Delta_t} = -0.713\,516\,5 - 0.023\,413\,36 \times 0.960\,885$$

$$= -0.736\,021\,7 \tag{8-20}$$

通过查询正态分布表，可得

$$N(d_1) = 0.2389$$
$$N(d_2) = 0.2297 \tag{8-21}$$

因此，

$$C = N(d_1) \times S_0 - \frac{X}{e^{r \times \Delta_t}} \times N(d_2)$$

$$= 0.2389 \times 14.59 - \frac{15}{e^{0.012\,35 \times 0.9233}} \times 0.2297 \tag{8-22}$$

$$= 0.0361$$

式中，δ 为年收益波动率，δ_t 为隐含波动率，Δ_t 为时间间隔。即可得到碳排放权的期权价格为 0.0361 欧元。

8.4　本章小结

结合第 2 章的相关理论依据，从宏观角度对森林碳汇价格的影响因素和价格的确定模型进行论述。本章从我国基本国情出发，对我国森林碳汇项目实施现状和我国森林碳汇市场构建现状进行分析，得出了我国现阶段森林碳汇市场模式的选择应该是在政府主导下的以"非京都规则"的森林碳汇市场为主体市场，"京都规则"的森林碳汇市场为辅助市场。在市场模式确定的前提下，分析我国碳汇交易定价现状，重点讨论了我国森林碳汇交易价格中存在的问题，即存在着巨大的买卖差价和国际套利、交易成本过高，以及缺失定价权等问题。利用影子价格确定我国森林碳汇的交易价格，最终核算的价格反映出我国碳汇的价值变化与国际碳汇的价值变化大体一致，具有实际意义。与此同时，通过期权机制的引入，可以有助于解决这些问题，夺回定价权，有助于森林碳汇交易市场的进一步发展。最后通过设计一个基于欧盟排放配额的 EUADEC-11 期权，对价格做了一个测算，为我国引入期权机制的森林碳汇交易的价格确定提供了借鉴。

9

国有林区森林碳汇量测定模型构建与测评
——以黑龙江省森林工业总局为例

9.1 森林碳汇量测定方法分析

9.1.1 碳汇物理量测定方法分析

9.1.1.1 以森林资源清查数据为基础的测定方法

1) 生物量法

所谓生物量，是指一个有机体或一个群体在一定时间内积累的总的有机物质的量。严格来说，它包括在一定区域内的全部动物、植物和微生物现存的有机质总量，但有研究指出微生物所占的比重极小，并且动物生物量占植物生物量的比例都不到10%，因此通常只以植物生物量为代表来表示总的生物量。森林的生物量通常表示为，在单位面积或单位时间内，有机体积累的干物质的量或能量。

生物量法是这样一种方法：通过大规模的样地实地调查，得到实测数据，以野外实测样地的平均生物量为基础，找到测量参数和生物量数据库的关系，但是植物生物量想要转换为碳量是需要一个比率的——碳元素占生物量干重的比例（45%~55%），于是就可以得到样地数据植被的平均碳密度，接着将样地植被的平均碳密度推广到整片森林，即用面积与之相乘，就可以得到整片森林生态系统的碳储量了。其中的面积数据可以在森林资源清查资料的数据中获得。

碳元素的比率含碳率的确定：有一些文献所用的含碳率数值为0.45或0.5，但是马钦彦等（2008）的研究结果显示，我国的乔木树种平均含碳率都大于0.45，而阔叶树平均的含碳率大多低于0.5，同时，针叶树的这个值却大多大于等于0.5，侯琳等（2007）的研究也表明不同类型的树种各器官的含碳率同样存在较大差异。因此，如果忽略树种和器官的不同，则含碳率的差异就会被忽略，那么对最终林分碳储量的结果就会造成较大的影响。

该方法的实质就是用时间来量化单因素的研究，用植物生长的开始时间作为时间计算的起点，用植物皆伐时间作为时间计算的终点，中间的生长年份作为考察期来计算年平均的生长量（张洪武等，2010）。

生物量法的优点：原理直接易懂，技术简单明了且成熟，需要的数据比较容易查找。

生物量法的缺点：在实际操作中，森林样地选取时容易倾向于长势较好的地段，这样就容易高估了植物的碳储量；在测定生物量中碳元素含量时，需要进行烘干处理并进行精确测量，因而导致过程复杂，工作量大；根部以及枯枝落叶的生物量较难统计，因而易被忽略。即使考虑到了地下部分，但由于地下部分测定难度大，所以误差较大，故结果的准确度也大大降低。

2）蓄积量法

蓄积量法是以蓄积量为基础，对待研究森林中的主要树种进行抽样实测，得到各树种的生物量，把生物量与蓄积量比值的平均值称为换算因子（BEF），并将该森林类型的总蓄积量与之相乘，从而得到该类型森林总的生物量，然后根据生物量法中碳元素含量的确定方法来确定碳储量。其中的蓄积量可以在森林资源清查资料中取得。

在林木生物量的组成部分中，树干生物量只占总生物量中的一部分，这个比率会因树种和立地条件的不同而有很大的差异。所以，想要测定某一树种的生物量，必须先得到这一树种树干生物量与总生物量的比例。研究表明，对同一树种来说，树干生物量与其他器官（如根、茎、叶等）的生物量之间存在着很强的相关关系，故通过树干生物量推算得到林木总生物量的办法是可行的。

方精云等（2011）通过大量样地实测，得到了木材蓄积量与生物量的数据，进行回归分析，结果表明，两者之间有良好的线性关系，即

$$B = aV + b \qquad (9\text{-}1)$$

式中，B 为样地木材生物量；V 为样地木材蓄积量；a 为回归系数；b 为常数。a 和 b 的值可通过两组量的实测值构建二元一次方程并求解即可得到，然后再建立模型。但是不同林分或不同类型的树种之间往往会存在差异。

蓄积量法的优点：原理简单易懂；技术直接明确；计算过程中引入了换算因子，可以比较直接地估算碳储量；同时可以扩展到大规模、大尺度的森林碳储量测定的问题；计算数据也比较容易查找。

蓄积量法的缺点：将转换因子的数值取作常数，虽然计算过程简单了，但是

准确率下降了，因为这个系数和林分类型、年龄等因素有关；容易忽略森林生态系统内诸如非同化器官呼吸、土壤呼吸等要素的影响，最终可能导致其结果会出现较大的误差。

3）生物量清单法

有关研究表明，某一森林类型的林分生物量与蓄积量的比值——换算因子BEF 并不是一个不变的常数，而是随着立地、林龄、林分状况、个体密度等因素的不同而不同。因此，蓄积量法将固定不变的平均值作为换算因子是不够准确的，该方法将其改为按林龄分类的换算因子，这样就能够更为准确地估算我国或区域的森林生物量。更深度的研究表明，林分的蓄积量能够综合反映立地、林龄、林分状况和个体密度等因素的变化，故可以将它作为换算因子的函数来表示其连续变化。

方精云等收集到了全国各地的生物量和蓄积量数据 758 组，并把我国的森林类型划分成 21 类，通过研究计算分别得到了每种森林类型的蓄积量与 BEF 的关系，统计得到它们之间的关系符合以下方程：

$$BEF = a + \frac{b}{x} \tag{9-2}$$

式中，BEF 为换算因子，即林分生物量与林分蓄积量的比值；x 为林分蓄积量；a、b 均为定值常数。由此可见，式（9-2）中的 BEF 并不是固定的数值，而是因 x 的变化而连续变化的：如果蓄积（x）很小，如幼龄林，则 BEF 很大；如果蓄积（x）很大，如成熟林，则 BEF 趋向定值 a。假设用 y 表示林分生物量，根据式（9-2）就可以推出生物量的计算公式，即

$$y = BEF \times x = ax + b \tag{9-3}$$

进一步的研究显示，这一关系符合森林的生长理论，并且具有很强的普遍性，几乎适用于所有森林类型，并且由样地向区域的转换也很简单。

生物量清单法的优点：原理直接明了、技术简单；将固定不变的平均换算因子升级为可变的换算因子，能够综合反映立地、林龄、林分状况和个体的密度等因素的变动，能够更加准确地反映森林的生物量和碳储量；由样地向区域扩展的过程合理、简便，方便测定大尺度的森林碳汇量（Jarvis et al.，1997）。

生物量清单法的缺点：样地分林分的调查将消耗较多劳动力；对碳储量的反映缺乏连续性和动态性；样地可能因地区、研究层次、时空尺度等的不同而影响调查结果；换算因子的线性得出模型可能受到质疑；目前研究所得到的换算因子的林分种类不够全面，而导致此法应用范围不够广泛。

4）相对生长式法

以测树学为基本原理，用树木的胸高直径来计算其生物量。两者之间的函数

关系如下：

$$B = aD^b \tag{9-4}$$

或者，以树木的胸高直径以及树高来计算其生物量。三者之间的函数关系如下：

$$B = a\left(D^2H\right)^b \tag{9-5}$$

式中，B 为生物量；D 为胸高直径；H 为树高。对式（9-4）和式（9-5）两边分别取对数，则变为

$$\ln B = \ln a + b\ln D \tag{9-6}$$

$$\ln B = a' + b\ln\left(D^2H\right) \tag{9-7}$$

在式（9-6）和式（9-7）中，令 $\ln B = Y$，$\ln D = X$，$\ln\left(D^2H\right) = X'$，那么，式（9-6）和式（9-7）就变为标准的一元线性方程形式：

$$Y = a' + bX$$

$$Y = a' + bX' \tag{9-8}$$

该方法的原理：在测树学因子中，树木的胸高直径相对其他因子来说较容易测量，而相对较难得到的树高的数据，虽然可以借助专业的光学仪器来测量，但仍然存在一定的困难，尤其是在密度大的林分中。鉴于此，可用通过 D-H 曲线图来确定树高。D-H 曲线，就是通过测量已伐倒的标准木的胸高直径（D）和树高（H）而绘制成的曲线。在该曲线图上，给出一定的胸高直径的数值，就可以直接得到树高的数值。D-H 曲线能够反映森林群落的重要属性以及森林群落地上部分的结构特点，并与生物量有密切的关系。有关专家通过研究证明：D-H 曲线的方程就是一条双曲线：

$$\frac{1}{H} = \frac{1}{aD^b} + \frac{1}{H_{\max}} \tag{9-9}$$

阳性树种林分的相对生长系数 b 通常大于 1，但稳定的耐阴性树种林分的相对生长系数 b 一般趋近于 1 左右，那么式（9-9）就可转换为

$$\frac{1}{H} = \frac{1}{aD} + \frac{1}{H_{\max}} \tag{9-10}$$

式中，$H_{\max}$ 为该林分树高的上限值，利用式（9-9）或式（9-10）就可以简便地得到各林分树木的树高了。

运用式（9-4）或式（9-5），外加两组测得的数据就可以得到 a 和 b 的值，进而生物量的模型就有了。得到生物量之后，利用含碳率就可以转化为碳元素的含量，进而得到森林的固碳量。

相对生长式法的优点：原理简单易懂；模型回归方程的相关系数为 0.90 ~

0.99，即得到的生物量理论值和实际值相关度高，结果会比较精确。

相对生长式法的缺点：并不是所有数据都容易得到；若伐木测胸高直径和树高，则会造成破坏以及较大的工作量；在生物量的计算模型中，a 和 b 的数值因森林地理位置、林分类型、树种种类的不同而不同，甚至同一棵树的树干、果实、树叶、树枝、树根和树皮六部分器官的 a、b 值也会有不同，若分六部分测生物量，则会很麻烦，如果不分部分，得到的最终结果可能就会有误差。

5) 碳密度换算法

上述几种方法的原理都是将生物量作为转换的中间值来计算碳储量，碳密度换算法也不例外。碳密度换算法首先将生态学的调查资料和森林的普查资料结合起来，计算出森林生态系统中乔木层的碳密度，然后再根据乔木层与总生物量的比值，测算出森林的单位面积总碳贮量：

$$P_C = V \cdot D \cdot R \cdot C_C \tag{9-11}$$

式中，V 为某森林类型的单位面积蓄积量；D 为树干密度；C_C 为植物中含碳率；R 为树干生物量与乔木层生物量的比例。

在 2001 年，王效科等又进一步改进了该方法。首先，他们将我国 1994 年年底之前的 160 多篇关于森林生物量研究文章中的 561 个样地对生物量的调查资料按照林龄级别依次分为幼、中、近、成和过熟林，并归类为 16 种森林类型，根据统计资料得到按龄级分类的林木树干和乔木层生物量的比值（SB）以及乔木层和群落总生物量的比值（BT）。这样，利用式（9-12），就可以得出我国各类型和各区域的森林植物碳贮量（T_C）：

$$T_C = V \cdot D \cdot SB \cdot BT \cdot (1 + TD) \cdot C_C \tag{9-12}$$

式中，V 为某一森林类型或某一区域的森林蓄积量；D 为树干密度；C_C 为植物中碳含量（一般取 0.45）。

碳密度换算法的优点：原理简单易懂，可以用在大面积的森林碳储量的测定。

碳密度换算法的缺点：消耗劳动力多，不可以动态反映碳储量的变化，样地数据会因研究层次、时空尺度和精细度不同而有所差异，地下部分的碳储量容易被忽略，含碳率取平均值 0.45 不够科学。

9.1.1.2 以设备仪器为工具的测定方法

1) 涡旋相关法

涡旋相关技术属于微气象技术的一种，主要用于在林冠上方直接测定 CO_2 的涡流传递。具体原理：空气的涡旋状流动能够带动大气中物质的垂直交换，在这种涡旋的带动下，大气中的不同物质（如 CO_2）就会向上或者向下运动，因而会通过事先设定的某一参考面，那么，这两个相反方向运动的 CO_2 的量之差就是被研究对象吸收或者放出 CO_2 的量。运用涡旋相关技术对林冠上方某一个参考高度上 CO_2 的通量在日、季、年循环的涡流传递速率进行测定，从而直接算出一个站点的净碳平衡。

涡旋相关法需要一些较高精度的仪器，如高灵敏度的温度计和湿度计、高灵敏度的三维超声风速仪以及开/闭路式红外 CO_2/H_2O 气体分析仪等。尽管这一思想早就产生，但是由于昂贵的设备和仪器，同时还需要记录风速和风向以及对 CO_2 浓度的快速反应进行运算，因此，直到 20 世纪 80 年代末，这种技术才被正式运用到 CO_2 通量的研究中。

利用涡旋相关法进行 CO_2 通量的测定公式为

$$F_C = \overline{\rho'\omega'} \tag{9-13}$$

式中，F_C 为 CO_2 通量；ρ' 为 CO_2 浓度的平均值在垂直方向上的波动，也就是涡度波动；ω' 为风速的平均值在垂直方向上的波动，$\rho'\omega'$ 上方的横线代表一段时间（15～30min）的平均值。

涡旋相关法是当前测定地气交换方法中最好的方法之一，同时也是国际上 CO_2 和水热通量测定的标准方法，已经在测定陆地生态系统中物质与能量的交换方面得到广泛的应用。

涡旋相关法的优点：能够直接测量大气与森林之间的 CO_2 通量，不对环境产生干扰；能够实现长期连续性观测；能够实现样地在纵向空间的扩展；能够为其他模型提供数据；据有关研究，涡旋相关技术已经应用在森林生物群落光合作用和呼吸作用的测定领域（Aubinet et al.，2000）。

涡旋相关法的缺点：对仪器精密有较高的要求，并需要一套组成部分严格要求的特殊系统；对数据处理的要求也比较严格，需要运用多种数学方法进行校正和数据质量控制，这样得到的结果才会更加精确；较难测算范围广、尺度大的森林碳储量；对地形要求高，有坡度的地势易使 CO_2 漏流；测得的通量不包括溶解于水中和空气水平流动的 CO_2 量；世界上 CO_2 通量测定的网点不多；低层大气对 CO_2 的贮存会造成 CO_2 通量被低估；由于净碳平衡是相对很小的昼夜 CO_2 交换总量，那么此期间内很小的误差就会导致净碳平衡的错误估算，所以还不能肯定其对净碳平衡测定的精确性；另外，夜间空气的涡旋上升现象不够明显，有时都依靠对流上升，这都会导致 CO_2 夜间通量的测定不够精确。

2）弛豫涡旋积累法

弛豫涡旋积累法（relaxed eddy accumulation，REA）的最初模型来源于涡旋积累法。由于采样的非等时性很难实现，因此这种方法刚开始并不可行，直到后来将弛豫（relaxed）的思想引入涡旋积累的思想中，这样一来，就将不定时采样转化为定时采样，于是弛豫涡旋积累法就这样产生了。近年来，该方法已成功应用到森林 CO_2 通量的计算中。

该方法的基本流程是：利用声速风速仪来测定即时垂直风速信号，利用数据记录仪来测定一定时间（200s）的平均值，将得到的以上两种数据在数据比较器上进行比较，于是，数据记录仪就可以测得涡旋的方向是上行还是下行，继而对连接两个空气收集袋的阀门进行控制——开通或关闭。对数据记录仪进行程序化设计后，红外线 CO_2 分析仪在经过一定的时间间隔（3min）后就会打开或关闭这个通道，于是，就可以对两个收集袋内的 CO_2 浓度进行连续监测。

运用该方法测定 CO_2 的通量，需要用到多种仪器：数据比较器、一维声速风速仪、数据记录仪、快速反应螺旋管阀门、红外线 CO_2 分析仪、空气泵以及导管系统等。可以通过下式测算林冠层 CO_2 的通量：

$$F_{CO_2} = \beta \cdot \sigma_w \cdot \rho_{air} \cdot (C_上 - C_下) \tag{9-14}$$

式中，F_{CO_2} 为 CO_2 通量；β 为一个半经验常数（取 0.56）；σ_w 为垂直风速的标准差；ρ_{air} 为空气的浓度；$(C_上 - C_下)$ 为两个收集袋中 30min 收集的 CO_2 浓度的平均值之差。

弛豫涡旋积累法的优点：运用一些设备仪器，测定数据会比较准确。

弛豫涡旋积累法的缺点：仪器设备比较多，因而费用会比较高；虽然这一方法在 CO_2 通量的测算中已经开始应用，但还不是 Ameriflux 等对 CO_2 通量测定所用的标准方法，可见其普遍性还不够高。

3）箱式法

箱式法（enclosures method）对森林生态系统的 CO_2 通量的测定并不是直接性的，而是间接的。其基本原理是：准备一个密闭的测定室，并将植被的一部分套装在测定室内，在这个封闭的系统内，随着时间的推移，CO_2 浓度的变化就是 CO_2 的通量。表达式为：

$$F = V \cdot \frac{\Delta C}{\Delta t} \tag{9-15}$$

式中，$\Delta C / \Delta t$ 为 CO_2 的变化率；V 为密闭室的体积。当在一个开放系统中时，测定室内会有以一定速率（d）流过的空气，流入测定室空气中 CO_2 的浓度与流出测定室空气中 CO_2 的浓度之间会有一定的差异，通过测算这个差（$\Delta C_1 - \Delta C_2$）就可以计算出 CO_2 的通量：

$$F = d \cdot (\Delta C_1 - \Delta C_2) \tag{9-16}$$

按照上述理论，国际上已经研发出了相应的设备和仪器，有代表性的是美国和英国生产的光合测定系统。其中的某些系统还可以测定不同器官的光合和呼吸速率，如叶片或土壤等的光合呼吸速率，经过改进之后也可以测定树干的呼吸。

箱式法的优点：基本原理简明易懂，仪器设备价格低、操作简单、体积小方便移动而且灵敏度高，对林木的各组成部分都可以进行定量测定。

箱式法的缺点：国际上研发的系统不能够长期而又自动地进行观测，容易导致测定的整个生态系统 CO_2 的通量数据不够精确。

4）遥感估算法

遥感估算法就是利用遥感技术（GIS、GPS 等）测得各种植被的状态参数，然后根据样地调查情况，对植被在空间分类的基础上进行时间序列的分析，并进一步分析森林中的碳在时间和空间上的分布以及动态情况。此外，对于大面积森林的碳储量的测定以及土地变化对碳储量的影响也可以运用此方法。

该方法通过对碳储量以及碳循环的过程进行综合网络观测，对生物过程的适应性进行实验探究，并对河流的碳输运过程进行研究，同时对土地利用和覆被变化以及对地观测数据的生态参量进行反演，经过数据之间的相互验证并结合尺度转换模型，然后展开综合性地观测、调查、分析、模拟和评价研究，目的是更好地掌握生态系统碳循环的规律和格局，探究各种因素对碳循环的影响，并探索全球气候变化条件下的生态系统的碳循环演变趋势。

运用遥感技术测定森林碳储量时，通常要借助一些中间因子，如叶面积指数、植被指数以及植被覆盖度等。先推算出各个中间因子和生物量之间存在的关系，计算出生物量，继而才能求得碳储量。

遥感估算法的优点：较适用于大范围的植被碳储量估算，可以宏观和动态化地提供遥感信息。

遥感估算法的缺点：对小范围的碳测算会有较大误差，由于技术含量较高，仪器所提供三维空间数据不够精确。

5）模型模拟法

基于森林的生态，利用机制性的模型对林木的光合作用、呼吸作用和它们与环境之间的相互关系进行综合性模拟，然后建立高准确度的模型，以估算森林生态系统的生物量和碳储量。这种方法被称为模型模拟法。该方法简单方便、成本较低，因此，被广泛地运用到大范围碳储量的测算研究中，同时，原来的静态统计模型的模拟方法也开始逐步转变为生态系统机制性模型。近年来，很多学者开始在小范围内，按照不同的森林类型和立地条件，运用模型模拟法来估算碳蓄积并模拟碳循环过程。

模型模拟法的优点：对某个地区碳储量的估算在理想条件下的，可为某些研究提供数据；综合考虑了大气、植被、土壤之间的物质及能量交换。

模型模拟法的缺点：对多个相关因素间的相互影响和作用的考虑不够；只是对生态系统中不同平衡状态的碳储量的变化进行了简单的模拟，并没有反映植被类型的变化；当前多数是静态或统计模拟，不确定因素、假设条件多而且大多局限于某些地区甚至个别点，缺乏动态以及过程模拟；在土地覆盖变化和土地利用对碳储量的影响方面的模拟比较难。

6）同化量法

通过对进出植物叶片的 CO_2 和水分浓度进行测定，得到植物叶片单位面积的瞬时光合速率和呼吸速率，经过一段时间后就会得到光合累积量和呼吸累积量，将这一段时间内两累积量的差额与每一株植物的叶面积相乘就得出每一株植物的固碳量。可见，对光合速率、呼吸速率的测定对同化量法的运用有重要帮助。

20 世纪 50 年代开始，红外 CO_2 气体分析仪在测定光合速率方面得到充分发展（侯元兆，2002）。其原理是：通过测定流入和流出叶室气流的 CO_2 浓度差来计算光合速率。

同化量法的优点：不仅测量了 CO_2 浓度，还测量了温度、湿度、光强、蒸腾速率、气孔导度和胞间 CO_2 浓度等指标，故可以对光合和呼吸速率进行多因子量化研究；测得的光合和呼吸速率的响应时间为 0.1s，精确度达 0.1ppm[①]，可以比较精确地得出某一时间段的固碳量。

同化量法的缺点：测试工作繁琐，若要得到相对较长一段时间的数据，就需要这段时间内不间断地测量。

由于森林生态系统庞大、复杂而又持续动态变化的特性，因此，目前对其碳平衡的研究方法也就各有局限性和侧重点。上面介绍的这些方法各有其自己的优缺点和适用范围。面对森林这个复杂的系统，在对其固碳量进行估算时，需要依据各方法特性进行选择应用，以实现自己的研究目的。

9.1.2 碳汇价值量测定方法分析

9.1.2.1 基于 CO_2 成本角度的碳汇价格确定方法

1）人工固定 CO_2 成本法

就是把运用工艺流程和技术固定同样多的 CO_2 需要耗用的成本当成森林固定

---

① 1ppm $=1\times10^{-6}$。

CO_2 的经济价值，也即 CO_2 的价格。

由于全球经济发展水平存在严重的不平衡性，因此，人工固定 CO_2 的成本也会因地域的不同而不同。例如，在发展中国家，降低 1t CO_2 的排放量所耗用的成本，大约为 5~15 美元，而这个成本在发达国家则要达到 50 美元左右。由此可见，通过该方法确定的 CO_2 的成本有些过于高昂（王效科等，2001）。

该方法成本较高，另外，由于人工固碳与森林固碳在过程上截然不同，二者耗用成本也因此而不同，所以，容易对碳汇的计量评价带来较大误差。

2）造林成本法

该方法的思路就是，仅仅把森林当作是一种固定 CO_2 的手段。

鉴于造林再造林的最终目的就是将大气中的 CO_2 吸收并固定在林木中，那么，就可以将造林工程项目的成本费用作为测度森林吸收和固定 CO_2 经济价值的价格。由于不同的国家和地区之间发展水平的差异，造林成本在这些地区之间也会存在着不同程度的差异。例如，英国的造林成本为 18~30 英镑/hm^2，因此，该国的林业委员会就把这个造林成本确定为森林固碳的标准价格来核算森林固定 CO_2 的经济价值。

3）碳税法

在社会上的各种生产活动过程中，如果该生产活动产生了对大气的 CO_2 排放量，并且其排放量已经超过规定的排放标准，那么，对于超量的这部分 CO_2，就应该缴纳一定的税金——碳税。

碳税法的思想来自于对石化燃料征收碳税的想法。欧盟、丹麦、挪威和瑞典等组织和国家都曾对联合国提出建议，应该对化石燃料征收碳税，以此来减缓温室效应。例如，瑞典政府建议碳税额应该为每千克碳 0.15 美元，而美国建议的碳税税金则为 20 美元/t。所以，有一部分学者也建议用碳税额作为森林固定 CO_2 经济价值的核算标准。但是从碳税的定义来看，它就是一种控制碳排放的手段，因而它的数值应该比 CO_2 所引起的温室效应危害要小很多，故该方法在合理性方面还有待进一步地探讨。

4）变化的碳税法

将需要征税的化石燃料转化为无需征税的无碳燃料这个过程需要投入一定的资本，变化的碳税法就是把投资的这部分成本费用作为征收碳税税金的标准。

该方法与碳税法的唯一区别只是在于其征税的依据计算方面。1990 年，英国的 Anderson 经过测量并利用该方法，计算出了木材固定 CO_2 的经济价值为 43 英镑/m^3。

这种方法虽然在可操作性上没有问题，但怎样根据化石燃料的含碳率制定合理的碳税标准还是具有一定的困难。同时，我国当前并未建立起完备的碳税机制，故运用碳税法或是变化的碳税法来确定森林碳汇的价格也还有待深入研究。

5）效益转移法

把已经对环境与资源效益或者成本方面展开研究的地点称为研究地点，而未开展并等待开展这些研究的地点称为政策地点，并且研究地点越多就越容易找到与之类似的政策地点案例。效益转移法是指在对两地点的市场化程度和类似程度进行差异化研究的基础上，把研究地点的效益或成本"转移到"政策地点。其转移方法包括需求或效益函数的转移、平均效益或成本的转移以及单位成本或效益的调整等。在资金短缺的条件下，可以利用效益转移法来确定森林固碳的价格。

6）损失估算法

大气中 CO_2 浓度的不断上升会导致温室效应的产生，而温室效应对社会生产和人的生活都会带来直接或者间接的坏处或损害，那么，损失估计法就是根据产生的这种坏处或损害的大小来计算确定森林固定 CO_2 经济价值所需要的碳汇价格的一种方法。

9.1.2.2 基于市场角度的碳汇价格的确定方法

支付意愿即消费者对某一非市场产品所愿意付出的最高价格或成本，是对人们自身行为表达的指示器。所谓支付意愿法，指的是在缺少真实完备的交易市场的条件下，从消费者的视角上构建一个假设的真实完备的交易市场，然后经过调查问卷以及投标的方式得到碳汇服务效益的支付意愿，最后综合所有的调查确定森林碳汇的价格。

鉴于我国在森林固碳方面的研究还不算多，那么，确定消费者的支付意愿就需要大量的资金，因此，支付意愿法在具体实施方面还是存在一定困难的。

除了以上这几种碳汇价值的确定方法，国家林业行业标准也推荐了进行生态系统服务功能评估所需要的社会公共数据表，其在 2007 年推荐的固碳价格为 1200 元/t。

9.2 森林碳汇量测定模型构建

9.2.1 方法提出的背景

在森林碳汇的交易中，由于碳汇交易的对象是 CO_2，而并非碳元素，因此本书研究的是森林碳汇量和森林碳汇价值。森林碳汇量即森林固定 CO_2 的物理量；森林碳汇价值，就是森林固定 CO_2 的价值量，也即物理量和碳汇价格的乘积。

9.1 节中详细论述了碳汇量的各种测定方法，由它们各自的优缺点以及适用范围可以看出，以设备仪器为工具的测定方法大多适用于小片林区范围或是全球区域的森林碳汇测定，也就是说，其适用范围极小或是极大，并且这个范围往往是地理上所指的自然区域。而黑龙江省森林工业总局国有林区并非是传统意义上的一个自然区域，它具有国有林区的特有属性。在地理范围上，该区域并不像全球范围内的森林那样，但也并不是一个小片的林区范围，因此，运用设备仪器来测定森林碳汇量的方法对黑龙江省森工国有林区并不适用。

所以，只能是通过以森林资源清查数据为基础的测定方法来测算该林区森林碳汇量。然而，由于生物量法过程复杂、工作量大又容易高估了植物的碳储量，蓄积量法的转换因子数值被取作常数导致准确率下降，生物量清单法因其样地分林分的调查会消耗大量劳动力以及换算因子的模型为线性而受到质疑，相对生长式法中胸高直径和树高的测量会造成林木破坏且工作量较大，故这些测定方法都不适合作为该林区碳汇量的测定方法。根据黑龙江省森林工业总局国有林区的具体情况，限于目前确定的清查资料和统计数据，本书提出了针对该林区范围的森林碳汇量的测定方法，即以碳密度换算法为基础，根据研究范围的研究条件和具体情况又对该方法进行了改造。

由 9.1 节的内容可以知道，碳密度换算法的最初模型是：$P_C = V \cdot D \cdot R \cdot C_C$ 本书将对该模型进行优化改进，R 和 C_C 由原来的固定值变为根据不同树种类型而变化的可变因子，同时又根据该林区的实际情况加上了另外几个参数来提高该模型的准确度。

本书森林碳汇量测定方法的测定思路就是以林木的蓄积量为基础，运用林木树干密度将其过渡为林木生物量，最终根据各种换算系数得出森林碳汇的物理量和价值量的测定方法。图 9-1 显示了碳汇量测定的具体思路和流程。

9.2.2 森林碳汇量的测定模型

我们知道，某一种商品的价值量就是这种商品的数量与其价格的乘积，CO_2 作为一种碳汇交易的商品，也不例外，于是就有

$$森林碳汇价值量 = 森林碳汇物理量 \times 碳汇价格$$

如果用 Q_{CO_2} 表示森林碳汇物理量，用 P 表示森林碳汇的价格，那么森林碳汇的价值量 W 就可以表示为

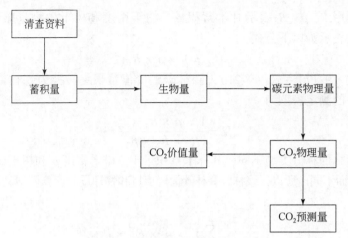

图 9-1　碳汇量测定思路和流程

资料来源：森林碳汇服务市场化研究，2008

$$W = Q_{CO_2} \times P \qquad (9\text{-}17)$$

根据森林碳汇量的测定模型，要得到森林碳汇的物理量就必须先得到森林固碳物理量，即森林固定碳元素的物理量，然后通过碳元素转换系数，将森林固定碳元素的物理量转换成森林固定 CO_2 的物理量。即

森林碳汇物理量＝森林固碳物理量×碳元素换算系数

用 Q_C 表示森林固碳物理量，用 R_1 表示碳换算系数，那么就有

$$Q_{CO_2} = Q_C \div R_1 \qquad (9\text{-}18)$$

乔木层作为森林的主要群落，在接受光照等方面具有得天独厚的优势，因此，乔木层在森林固碳效益方面发挥着不可替代的作用。要了解整个森林系统的碳汇量，可以从乔木层的固碳量着手。

森林固碳物理量＝乔木层固碳物理量÷乔木层碳换算系数

乔木层固碳物理量＝林木树干固碳物理量÷树干生物量换算系数

用 Q_{C1}，Q_{C2} 分别表示乔木层固碳物理量和林木树干固碳物理量，用 R_2，R_3 分别表示乔木层碳换算系数和树干生物量换算系数，则有

$$Q_C = Q_{C1} \div R_2 \qquad (9\text{-}19)$$

$$Q_{C1} = Q_{C2} \div R_3 \qquad (9\text{-}20)$$

要得到树木树干的固碳物理量，就要先算出其生物量，但由于森林资源清查不统计生物量，只统计蓄积量，因此本书引入树干密度作为蓄积量向生物量过渡的一个因子。然后，再通过换算系数，将生物量换算成碳元素的含量，即

林木树干固碳物理量＝林木蓄积量×树干密度÷树干生物量碳换算系数

若分别用 V、ρ、R_4 表示林木蓄积量、树干密度和树干生物量碳换算系数，那么就可以表示为以下公式：

$$Q_{C2} = V \times \rho \times R_4 \qquad\qquad (9\text{-}21)$$

综合式（9-17）～式（9-21），森林碳汇价值量最终转换为森林蓄积量的函数，其最终的测定模型为

$$W = \frac{V \times \rho \times R_4 \times P}{R_1 \times R_2 \times R_3} \qquad\qquad (9\text{-}22)$$

由于森林的林分类型不同，其林木蓄积量 V、树干密度 ρ 和树干碳换算系数 R_4 都会因此而不同。所以，该林区森林碳汇价值量和物理量的计算模型又可以进一步表示为

$$W = \frac{\sum_{i=1}^{n} V_i \times \rho_i \times R_{4i} \times P}{R_1 \times R_2 \times R_3} \qquad\qquad (9\text{-}23)$$

$$Q_{CO_2} = \frac{\sum_{i=1}^{n} V_i \times \rho_i \times R_{4i}}{R_1 \times R_2 \times R_3} \qquad\qquad (9\text{-}24)$$

式中，i 为第 i 种林分类型；n 为林分总的类型数。

计算模型中各系数的意义如下：

（1）R_1：碳元素换算系数。表示碳元素在 CO_2 中所占的比重，也就是定值 3/11。

（2）R_2：乔木层碳换算系数。表示乔木层固碳量在整个森林群落固碳量中所占的比重。

（3）R_3：树干生物量换算系数。表示各林分树干生物量在乔木层生物量中所占的比重。根据罗云建等（2013）的研究，取 51.83%。

（4）R_{4i}：树干生物量碳换算系数。表示第 i 种林分类型树干的生物量中碳元素所占的比重。其数值会随着林分类型的不同而变化。

（5）ρ_i：树干密度。表示第 i 种林分类型的树干生物量密度。其数值会随着林分类型的不同而变化。

（6）V_i：林木蓄积量。表示第 i 种林分类型的林木蓄积量。

（7）P：碳汇价格。表示碳汇交易中用于测定森林碳汇价值的碳汇的价格。

9.2.3　森林碳汇量的预测模型

由于目前对森林碳汇价值量和物理量的研究方法大多是相对静态的，其不足

之处就是不能动态反映森林碳汇的变化。为了弥补这个缺陷，该部分运用以下方法对森林碳汇物理量进行预测，以显示其动态变化。

（1）该林区森林碳汇物理量的年均增量模型。由式（9-24）可以得到该林区森林碳汇物理量的年均增量模型为

$$\Delta Q_{CO_2} = \frac{Q_{CO_2x} - Q_{CO_2y}}{x - y} \qquad (9\text{-}25)$$

式中，x，y 为整数，表示第几年。

（2）该林区森林碳汇物理量年均增长率为

$$r = \left[\left(\frac{Q_{CO_2x}}{Q_{CO_2y}} \right)^{\frac{1}{x-y}} - 1 \right] \times 100\% \qquad (9\text{-}26)$$

式中，x，y 为整数，表示第几年。

（3）该林区森林碳汇物理量的预测模型。首先，利用增长量得出的预测模型为

$$Q_{CO_2(t+1)} = Q_{CO_2t} + \Delta Q_{CO_2} \qquad (9\text{-}27)$$

然后，利用增长率得出的预测模型为

$$Q_{CO_2(t+1)} = Q_{CO_2t} \times (1 + r) \qquad (9\text{-}28)$$

式中，t 为年份；r 为增长率。

（4）该林区森林碳汇价值量的预测模型。利用碳汇物理量的预测模型，容易得出碳汇价值量的预测模型为

$$W_{CO_2(t+1)} = Q_{CO_2(t+1)} \times P \qquad (9\text{-}29)$$

9.3 森林碳汇物理量和价值量的测定

由于搜集到的数据资料的限制，即该林区森林资源的蓄积量是按树种划分的，那么式（9-23）和式（9-24）中的换算系数 R_2 就没有了，由此而造成的那一部分数据量的缺失将体现在"其他优势树种"的蓄积量中，因此，对其他参数的取值也不会造成影响。所以，森林碳汇的测定模型变为如下：

（1）黑龙江省森工国有林区森林碳汇物理量测定模型，表达式为

$$Q_{CO_2} = \frac{\sum_{i=1}^{n} V_i \times \rho_i \times R_{4i}}{R_1 \times R_3} \qquad (9\text{-}30)$$

（2）黑龙江省森工国有林区森林碳汇价值量测定模型，表达式为

$$W = \frac{\sum_{i=1}^{n} V_i \times \rho_i \times R_{4i} \times P}{R_1 \times R_3} \qquad (9\text{-}31)$$

计算模型中各系数数值的确定如下：

（1）R_1：碳元素换算系数。表示碳元素在 CO_2 中所占的比重，也就是定值 3/11。

（2）R_3：树干生物量换算系数。根据前人的研究结果，取 51.83%。

（3）R_{4i}：树干生物量碳换算系数。

（4）ρ_i：树干密度。具体数值参照表 9-1。表中的数据根据张坤的《森林碳汇计量和核查方法研究》和中国林业科学研究院木材研究所测定结果整理而得。

（5）V_i：林木蓄积量。数据来自第六次和第七次森林资源清查。

（6）P：碳汇价格。按照国际上目前通用的碳汇价格，即每吨碳 10 ~ 15 美元，根据我国的碳汇交易现状，本书取 12 美元/t 作为我国森林碳汇的价格，然后折合成 CO_2 的价格，$12 \div (44/12) = 3.2727$ 美元/t。

表 9-1 优势树种蓄积及各系数值表

优势树种	第七次清查蓄积 /万 m³	第六次清查蓄积 /万 m³	换算系数	树干密度 /（Mg/m³）
红松	1 230.55	1 762.96	0.511 3	0.35
杨树	940.39	1 479.31	0.495 6	0.38
桦木	2 848.88	3 780.49	0.491 4	0.49
栎类	6 121.78	6 144.98	0.500 4	0.68
落叶松	2 318.62	2 567.65	0.521 1	0.53
椴树类	2 263.28	2 543.72	0.439 2	0.38
水、胡、黄	693.69	1 854.97	0.482 7	0.50
针叶混交林	3 326.74	4 247.77	0.501 1	0.40
阔叶混交林	36 804.45	26 188.06	0.490 0	0.50
针阔混交林	12 362.38	10 727.29	0.497 8	0.50
其他优势树种	2 551.55	2 255.42	0.500 0	0.45
合计	71 462.31	63 552.62	5.430 6	5.16

资料来源：《黑龙江省森工国有林区森林资源一类清查资料汇编》，2009

该部分选用第六次（1999 ~ 2003 年）和第七次（2004 ~ 2008 年）森林资源清查中黑龙江省森工国有林区的清查数据，运用式（4-30）和式（4-31），具体测定结果见表 9-2，各优势树种碳汇物理量在两次清查时的比较如图 9-2 所示。

表9-2　林区优势树种碳汇物理量 Q_{CO_2} 和价值量 W

优势树种	第六次清查的 Q_{CO_2}/万 t	第六次清查的 W/万美元	第七次清查的 Q_{CO_2}/万 t	第七次清查的 W/万美元
红松	2 231.909 2	7 304.369 2	1 557.877 6	5 098.465 9
杨树	1 970.898 7	6 450.160 3	1 252.890 5	4 100.334 8
桦木	6 439.758 0	21 075.396 0	4 852.835 9	15 881.876 2
栎类	14 792.341 0	48 410.894 3	14 736.493 4	48 228.121 9
落叶松	5 016.756 1	16 418.337 7	4 530.193 4	14 825.963 9
椴树类	3 003.346 6	9 829.052 4	2 672.233 7	8 745.419 2
水、胡、黄	3 167.192 2	10 365.269 8	1 184.412 4	3 876.226 6
针叶混交林	6 023.315 5	19 712.504 5	4 717.299 8	15 438.307 0
阔叶混交林	45 389.942 6	148 547.665 0	63 790.592 8	208 767.473 1
针阔混交林	18 888.833 6	61 817.485 6	21 767.933 8	71 239.916 8
其他优势树种	3 590.047 3	11 749.147 7	4 061.409 9	13 291.776 2
合计	110 514.340 6	361 680.282 5	125 124.173 2	409 493.881 5

资料来源：《黑龙江省森工国有林区森林资源一类清查资料汇编》，2009

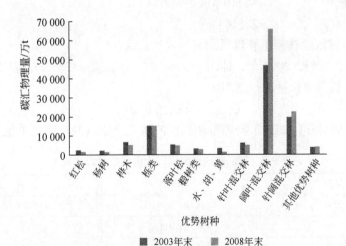

图9-2　各优势树种碳汇物理量比较

注：水、胡、黄为水曲柳、胡桃楸、黄波罗。

9.4 森林碳汇量的预测及动态反映

从森林资源的第六次清查到第七次清查，也就是从 2003 年年底到 2008 年年底，中间有五年的时间，根据表 9-2 的结果，林区内这五年中森林碳汇物理量的年平均增长量和年平均增长率计算过程如下：

（1）该林区森林碳汇物理量年均增量，表达式为

$$\Delta Q_{CO_2} = \frac{Q_{CO_2 x} - Q_{CO_2 y}}{x - y}$$
$$= \frac{125\ 124.173\ 2 - 110\ 514.340\ 6}{2008 - 2003} \tag{9-32}$$
$$= 2921.9665$$

（2）该林区森林碳汇物理量年均增长率，表达式为

$$r = \left[\left(\frac{Q_{CO_2 x}}{Q_{CO_2 y}} \right)^{\frac{1}{x-y}} - 1 \right] \times 100\%$$
$$= \left[\left(\frac{125\ 124.173\ 2}{110\ 514.340\ 6} \right)^{\frac{1}{2008-2003}} - 1 \right] \times 100\% \tag{9-33}$$
$$= 2.5143\%$$

（3）该林区森林碳汇物理量预测，表达式为

由表 9-2 可得，2008 年，即当 $t = 2008$ 时，$Q_{CO_2 2008} = 125\ 124.173\ 2$。

首先，利用增长量进行预测：

$$Q_{CO_2 (t+1)} = Q_{CO_2 t} + \Delta Q_{CO_2} \tag{9-34}$$

最终得到各年份的碳汇物理量和相应的碳汇价值量的预测结果见表 9-3。

表 9-3　碳汇物理量和碳汇价值量的预测结果 1

年份	Q_{CO_2}/万 t	W/万美元
2009	128 046.139 7	419 056.601 4
2010	130 968.106 2	428 619.321 2
2011	133 890.072 7	438 182.040 9
2012	136 812.039 2	447 744.760 7
2013	139 734.005 7	457 307.480 5
2014	142 655.972 2	466 870.200 2
2015	145 577.938 7	476 432.920 0

续表

年份	Q_{CO_2}/万 t	W/万美元
2016	148 499.905 2	485 995.639 7
2017	151 421.871 7	495 558.359 5
2018	154 343.838 2	505 121.079 3
2019	157 265.804 7	514 683.799 0
2020	160 187.771 2	524 246.518 8
2021	163 109.737 7	533 809.238 6
2022	166 031.704 2	543 371.958 3
2023	168 953.670 7	552 934.678 1
2024	171 875.637 2	562 497.397 9
2025	174 797.603 7	572 060.117 6
2026	177 719.570 2	581 622.837 4
2027	180 641.536 7	591 185.557 2
2028	183 563.503 2	600 748.276 9
2029	186 485.469 7	610 310.996 7
2030	189 407.436 2	619 873.716 5

　　然后，利用增长率进行预测。最终得到各年份的碳汇物理量和相应的碳汇价值量的预测结果见表 9-4。

表 9-4　碳汇物理量和碳汇价值量的预测结果 2

年份	Q_{CO_2}/万 t	W/万美元
2009	128 270.170 3	419 789.786 3
2010	131 495.267 2	430 344.560 9
2011	134 801.452 7	441 164.714 2
2012	138 190.765 6	452 256.918 6
2013	141 665.296 0	463 628.014 3
2014	145 227.186 6	475 285.013 5
2015	148 878.633 7	487 235.104 6
2016	152 621.889 2	499 485.656 8
2017	156 459.261 4	512 044.224 7
2018	160 393.116 6	524 918.552 6

年份	Q_{CO_2}/万 t	W/万美元
2019	164 425.880 7	538 116.579 8
2020	168 560.040 6	551 646.444 9
2021	172 798.145 7	565 516.491 5
2022	177 142.809 5	579 735.272 6
2023	181 596.711 2	594 311.556 6
2024	186 162.597 3	609 254.332 1
2025	190 843.283 4	624 572.813 7
2026	195 641.656 1	640 276.448 0
2027	200 560.674 3	656 374.918 7
2028	205 603.371 3	672 878.153 3
2029	210 772.856 9	689 796.328 7
2030	216 072.318 8	707 139.877 8

最后，分别运用两种不同的方法对预测结果进行了动态反映和对比，对比情况如图9-3所示。

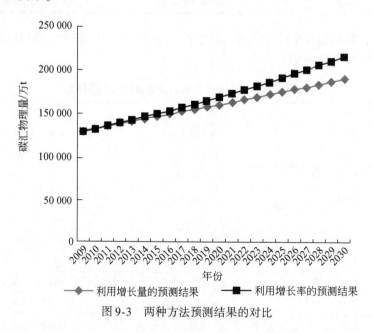

图9-3　两种方法预测结果的对比

9.5　测定结果评析

第一，由图9-2可以知道，2003年末，林区内优势树种中，固定CO_2的量最大的是阔叶混交林，然后依次是针阔混交林、栎类、桦木和针叶混交林，这几个树种在2003年年末固定CO_2的量都超过了$6×10^7$t。表9-2也显示了优势树种固定CO_2的总量超过了$1.1×10^9$t。相应地，2008年年末的碳汇价值量达到了36亿美元。

第二，在图9-2中，2008年年末，林区内固定CO_2量最多的依然是阔叶混交林，其次依次是针阔混交林、栎类、桦木和针叶混交林。与2003年年末相比，阔叶混交林的固碳量明显增加，红松、栎类、桦木等的固碳量相对都有所下降。表9-2数据表明固碳总量达到了$1.25×10^9$t，价值量更是即将突破41亿美元。

第三，由碳汇增长模型可以看出，从2003年年末到2008年年末，这五年的时间内，林区优势树种固碳总量的平均增长量达到了$2.9×10^7$t，而年均增长率也达到了2.5%。这五年内，虽然总体上林区主要树种的碳汇量有所增加，但是幅度并不是很大；另外，固碳量相对下降的树种比较多。其中的原因可能有多种，如林区内某些树种采伐量加大，或是林龄结构改变，抑或是病虫害的破坏等，还有待具体进一步的研究。同时，这也为黑龙江省森工国有林区下一步的森林经营管理指明了方向。

第四，表9-3和表9-4分别显示了用增长量和增长率预测得出的林区2009～2030年主要优势树种总的碳汇物理量以及价值量的预测结果，表明了林区森林碳汇巨大的潜力。同时图9-2显示了用这两种方法得出的预测结果存在差异：刚开始的几年中，二者差距并不大，但是随着时间的推移，用增长率得出的预测结果逐渐大于用增长量得出的结果。虽然存在这种差异，但是对未来碳汇量整体的趋势并不造成影响。

9.6　本章小结

首先，本章分析了目前国内外森林碳汇物理量和价值量测定的一些普遍方法，以及这些方法的优缺点；其次，在排除了其他森林碳汇测定方法的同时提出了以适应黑龙江省森工国有林区的以碳密度换算法为基础的森林碳汇价值量和物理量的测定模型；然后，为了弥补模型的不足之处，对森林碳汇物理量和价值量进行了预测和动态反映；再次，利用森林资源清查的资料，选取该林区主要优势树种，运用森林碳汇量的测定模型方法，对各优势树种的碳汇量进行了测定，得出了林区总的森林碳汇量，并对 2009～2030 年的碳汇量做出了预测；最后，对测定结果进行分析评价，结果表明黑龙江省森工国有林区在森林碳汇方面所表现出的重要性，以及还需要努力改善的地方，为黑龙江省森工国有林区合理地评估其自身在森林碳汇方面的潜在价值提供了理论指导，同时，也显示了该林区在森林碳汇方面所占据的举足轻重的地位，为最终实现林业的可持续发展奠定了基础。

10

我国森林生态服务市场有效运行的
制度保障及相关建议

森林生态服务市场是一个新生的事物，是在积极探索运用市场化手段解决生态服务供给不足和实现林业可持续发展道路上迈出的新步伐。建立适当的森林生态服务市场的运行机制和价格体系，能大幅度提高森林生态服务商品化的速率。目前，我国森林生态服务市场的发展还处于起步时期，单纯依靠市场的自我调节并不能实现有效的资源配置，市场的运行和发展离不开政府的宏观调控和监督，因此政府应建立一套有利于森林生态服务市场机制有效运行且得到正确执行的制度保障体系，来保护和支持这个新生事物的茁壮成长。

10.1 创建森林生态服务产品供求激励机制

10.1.1 严格界定森林生态服务产权

对森林生态服务的产权进行严格界定，是确立森林生态服务法律地位的主要内容，也是开发森林生态服务市场机制最需关注的问题。随着全球生态环境的日趋恶化，森林生态服务正在成为稀缺资源，因此，依据科研成果，制定相关法律，严格界定森林生态服务产权，确保森林生态服务的供给者能得到相应的补偿，为其提供更多的森林生态服务提供激励正显示出其必要性。森林经营的周期长和风险大的特点，对森林生态服务产权的稳定性也提出了更大的要求。一方面，要依据最新的森林生态服务研究成果，对有交易可能性的森林生态系统的生态价值量、增量和生态寿命进行科学的计量和评估，以法律的形式明确规定森林经营者只要确保森林生态系统的生态服务水平逐渐提高，就享有森林生态服务的产权，包括所有权、使用权、收益权和处置权，同时规定有森林生态服务需求的企业、政府、各种组织和个人是森林生态服务的需求者，必须购买相应的生态产品；另一方面，要以法律明文规定的形式，确保经营者享有对林地完整的使用权、收益权和处置权，对森林生态服务完整的所有权、收益权和处置权，切实保护产权的完整性，同时要保持林业政策的稳定以获得经营者对国家政策的信任，延长林地承包期以增加投资者对森林生态服务经营的长期投入，减少产权不稳定带来的谈判等交易成本的增加。

10.1.2 降低森林生态服务产品的交易成本

交易成本过高就表明项目实施资金的减少以及项目实施者的净收益下降，这会严重影响到供给者的供给热情，因此，采取一定的措施来降低森林生态服务的交易成本是很有必要的。如设计和使用标准化合同，简化森林生态服务交易程序，扩大林业生态建设项目的规模等都能够有效降低单位森林生态服务的交易成本。

（1）将合同标准化。遵循合同法，设计森林碳汇项目交易的标准化合同应该是市场交易体系中最首要的步骤。在建立标准化合同的过程中应该注意两方面的内容：首先，合同中要对交易各方的权利和义务逐个明确，如损失责任、风险分担、利益分配等，防止因信息不对称而导致的机会主义行为的产生；其次，在合同上必须有明确的交易制度和规则，从而增加信息的透明度，降低交易的不确定性和所发生的成本，推动森林碳汇市场的发展。

（2）标准化森林碳汇交易的计量和检验程序。在《京都议定书》规则下，林业碳汇项目必须要满足额外性、持久性等繁杂的计量和检验程序，还要考虑到购买双方的经济效益和生态效益，所以这就会导致森林碳汇交易费用超出预计水平。而且许多费用，如审批成本、注册成本、监测成本以及核查和认证成本与森林碳汇的计量和检验程序有关，可见，简化碳汇交易程序将有效降低森林碳汇的总交易成本。因此，我们要尽量标准化森林碳汇信用交易的计量和检验程序，使项目开发者自己能够完成项目文件设计，以降低咨询费用。

（3）根据规模经济理论的要求扩大林业碳汇交易的项目规模。由于森林碳汇服务交易成本分为固定交易成本和可变交易成本，为实现规模经济、扩大项目规模能够有效降低单位固定交易成本，从而分摊到每单位碳汇信用的交易成本就会减少。森林碳汇市场中，如搜寻成本、谈判成本和认证成本等都属于固定成本，基本不随着碳汇交易项目规模的扩大而改变。可见，固定交易成本是构成森林碳汇市场总交易成本的重要部分，规模经济能够有效降低单位森林碳汇的交易成本。

（4）加深与政府的联系，注重协调利益相关者的关系。林业碳汇项目往往地处偏远，当地社区和居民的市场和法律意识相对淡泊，这会给项目带来更大的不确定性，增加项目的交易成本。在这种情形下，从搜寻交易伙伴和谈判开始，就需要加深与地方政府、森林社区及其他利益相关者的联系，加强与他们的沟通，就相关问题咨询他们的意见和建议，并努力取得他们的理解和支持，这对保证项目的顺利实施和成功，降低项目的强制实施成本具有重要作用。

10.1.3 加强宣传教育，引导生态供求

教育是一种改变人类对客观世界认识、引导人类的思想、认识和改造世界的积极有效的途径。通过加强宣传教育，可以改变人们对林业碳汇的偏好，进而改变消费者的个人消费曲线和生产者的生产曲线，最终导致社会总效用曲线和社会总生产函数改变。因此，通过加强宣传教育，提高人们的生态环境保护意识，可以极大地增加森林生态服务的需求，人们就会积极加入到森林生态服务市场中来。

10.2 加强我国森林生态服务市场的外部保障

由于森林碳汇是一个新的发展课题，发展还不成熟，我国从中央到各地方政府都没有形成完备的政策。随着国际社会对气候变化的关注和国际谈判的陆续进行和所取得的进展，这些都将对中国森林生态效益价值化产生深刻影响。因此，我国应依据国际规则和要求，制定我国森林碳汇的实施规则和标准与国际接轨。除中央制定相关的政策外，各地政府及林业部门也要制定配套的制度和森林碳汇项目实施管理办法，使我国的林业碳汇管理工作尽快走上国际化、规范化、法制化轨道，推动我国森林碳汇交易市场的形成和发展。

10.2.1 加强森林生态服务市场的风险管理

根据第4章风险机制的分析，森林生态服务市场面临着自然风险、经济风险、市场风险及政策风险等，因此在森林生态服务市场中应强化交易主体的风险意识，管理部门要加强森林生态服务市场的风险管理，以实现风险控制下的利益最大化。

（1）建立各级风险研究和提示机构。风险在发生初期会有明显特征，世界银行、联合国政府间气候变化专门委员会等国际机构在其所辖的网站上会定期对森林生态服务的相关交易、政策变化、计量技术变化等有可能引发风险的要素进行提示，以提高交易主体的风险防范能力，降低风险发生的概率。国内方面，也应该加大对风险管理的投资，加强碳汇林自然风险的预报，对市场信息的变化加工整理后及时反馈到交易双方，按时提示交易风险等，该类机构可以由政府出面组织，也可以由第三方机构担任。

（2）推行针对生态林的商业保险。森林生态服务市场的发展为商业保险开辟了新的保险商品与保险渠道。生态林的经营面临着诸多的不确定性，既包括自然风险，也有人为原因造成的风险，所以，引入第三方保险机构共担风险是森林生态服务市场的有益尝试。

10.2.2　建立森林生态服务市场监管体系

建立由证监会、同业协会和交易所三级监管体制。证监会从全局对森林碳汇市场进行监管，制定相关的法律法规，对同业协会和交易所的交易行为进行监督或提供建议，对其他独立中介机构进行经常性的业务监督。同业协会是行业的自律组织，在行业内部对行业的执业进行指导，并协助证监会的工作。同业协会通过行业协会章程来实施自身的管理、约束和发展。交易所监管包括制定交易、结算、交割等环节和违约处理办法，协调交易所内部工作。最后还应该建立严查惩罚机制，提高监管对象舞弊的成本，以减少错误与舞弊行为发生。

10.2.3　做好相关立法准备

法律是我国森林碳汇贸易正常有序进行的有力保证。我国于1998年对《森林法》进行修正，规定对防护林和特种用途林要进行适当补偿，但这里提到的补偿方式主要是通过国家行政手段，属于强制行为。我国于2005年10月12日通过了《清洁发展机制项目运行管理办法》，作为协调、规范我国碳排放活动的立法准则，它发挥了不可替代的作用。随着工业产业的发展我国面临越来越大的温室气体减排压力，我国政府对于CO_2排放较多的企业，要进一步完善相应的处罚办法。在排污许可证制度和总量控制的基础上建立气候交易所，符合我国森林碳汇市场发展的现状。

森林碳汇贸易实际上就是将森林的生态效益市场化、价值化，通过市场手段对生态效益进行量化。考察目前国际森林碳汇市场发展状况以及我国森林碳汇项目的进展情况，引导和培育国内森林碳汇市场的发育是推动森林生态效益市场化的有效途径。但是在我国森林碳汇市场发展的初级阶段，政府和法律的作用不容忽视，还是要依靠国家的宏观政策制定环境相关的法律法规，为我国森林碳汇交易提供法律上的保障。政府可以按照国际惯例制定《森林碳汇市场交易管理办法》以及《森林碳汇市场交易规则》。对森林碳汇交易的监管、估算、风险控制等进行具体的法律规定。

10.2.4　加强有关森林碳汇信息建设

林业碳汇项目是一个较新的课题，社会各界对其认识不深，政府应该进行大力宣传，为我国即将构建的森林碳汇市场铺平道路。目前，我们应该做的就是从国家到地方加强社会宣传，促进林业及各相关部门学习森林碳汇相关知识。通过网络宣传往往能够达到很好的效果，目前已开通了中国碳汇网、北京碳汇网、清洁发展机制网、零碳生活网等，为公众获得碳汇知识提供了有效的渠道。除此之外，还要通过开展培训班、碳汇知识的讲座、研讨会、社区宣传等方式加大对林业碳汇的宣传，为公众获得碳汇知识和信息提供更完善的信息平台，使林业相关部门充分认识到森林碳汇为我国带来的机遇和潜在的经济价值。人们在认识提高之后，能够积极参与到森林碳汇项目中来，特别是温室气体排放量较大的各大小企业，能够积极投资发展更多的碳汇项目来抵消本企业排放的 CO_2。

为了更好地进行森林碳汇的交易工作和研究工作，需要对我国森林碳汇交易的市场信息进行采集、加工处理和分析研究，完善森林碳汇交易的信息系统构建和管理，为企业进行环境信息咨询创造一个平台，特别针对适合开展森林碳汇项目的地区进行相关的可行性分析，加强碳汇交易的可操作性。我们还需要进一步完善环境信息标准及相关技术规范，加强政府网站建设及基础网络构建，实现数据中心建设及信息共享与交换，同时要加大林业碳汇项目的环境信息数据库建设，更好地为我国政府与企业以及国外投资者提供更加全面的服务，搭建一个信息齐全的交易平台。

10.2.5　交易所制度

在排污许可证制度和总量控制的基础上建立碳排放权交易所，利用市场化手段配置环境容量资源的使用，形成一个长期、持续的环境保护宣传教育载体与平台，有利于碳排放处理的规模化发展，同时也将促进碳排放配额的出让方以更加低的处理成本和更成熟的污染处理技术来满足市场的需求，促进环境容量资源使用效益的最大化，符合我国市场经济发展的要求。目前，我国已经先后建立了北京、天津、上海 3 个交易所，旨在改变国内企业在碳汇交易谈判中的弱势地位，争取更为合理的价格。随着"十二五"计划的发展，我国将出现更多的交易所。

交易所的建立可以遵循以下思路：首先，在一些排放量较大、潜在 CDM 合作项目较多的地区设立碳交易所，并尽可能地利用现有产权交易所的软硬件以及通信系统。待碳交易所运行一段时间之后，可以借鉴其运行经验来开展全国性的温室气体排放权交易。其次，按照碳交易所所在的不同省份设立排放权交易专区，再根据城市设立分区，通过集合竞价或拍卖等方式来开展当地的碳排放权交易。与此同时，政府的相关部门对交易双方的相关资质以及减排额度的核定进行管理。

交易所成立之后，应加快促进碳交易衍生品的发展，加快促进碳交易产品的金融创新。没有碳金融创新产品的支撑，我国不仅将失去碳交易的定价权，而且还将失去金融发展的机会。金融创新可以促进我国碳交易的风险防范制度和交易制度的完善，使得我国碳交易能够在国际市场上占有一席之地。因此，我国应当大力发展碳基金、碳信贷和碳抵押债券等相关的金融衍生品，从而促进我国碳交易市场的发展和进一步壮大。商业银行等金融机构可以通过国外发达国家注册投资公司，以国外买家的身份参与国内的 CDM 项目，在欧洲二级交易市场进行交易，从而达到消除一二级市场差价的目的。与此同时，我国的国内金融机构可以对欧洲的交易所席位进行申请，委托在交易所拥有固定席位的经纪公司进行买卖或者是直接进行欧盟排碳配额和经核准的减排量合约交易。在规避风险方面，应当大力发展包括碳期权在内的风险规避工具，尽快开发标准远期合同等相关金融衍生品，在交易中进行套期保值，防范价格波动，降低碳交易风险。

为了应对气候变化国内已经建立了北京环境交易所、天津排放权交易所、上海环境交易所，各个交易所还没有形成完善的交易所制度，存在较多漏洞。交易所内部交易并没有形成真正的场内碳排放交易期货市场。为了早日实现真正意义上的森林碳汇交易期货市场，我们要做更多努力完善交易所制度，将期货与森林碳汇更好地进行结合。我们可以借鉴国外成功的经验，如芝加哥气候交易所的发起成员通过制定自愿而合法的减排义务来满足年度温室气体减排目标。那些剩余排放许可权可以选择出售或者存入银行，而排放超过目标的单位需要购买芝加哥气候交易所的碳汇融资工具合同。

10.3 合理制定森林生态服务交易制度

10.3.1 制定森林生态服务市场交易规则

由于森林生态服务市场是一个新生的事物，很多国家和政府尚不存在关于森林生态服务交易的专门法律法规，建议由政府部门颁布《森林生态服务交易规则》，使这一制度以国家行政法规的形式确定下来，重点规定森林生态服务交易的基础性和程序性内容，如森林生态服务交易的基本原则、交易范围、交易方式、资金来源与支付机制等，作为森林生态服务交易机制的通用基础。不过，针对不同的森林生态服务类型，上述基础性与程度性问题很难统一。因此，除了在国家层面上制定《森林生态服务交易规则》，还应从地方层面上对森林生态服务交易机制，制定出更加具体的实施细则，从而在国家法律体系的纵向结构上形成由上至下的立法体制，对森林生态服务交易机制进行法制化建设。

10.3.2 创建森林生态服务交易谈判制度

从本质上看，森林生态服务交易机制实际上也是生态服务使用者与供给者之间的一种"合同"关系，这一关系可以通过森林生态服务交易谈判制度来稳定和实现。谈判平台可以由中立的第三方提供，谈判主体不一定是真正的交易方，从最小化交易成本的角度出发，谈判主体可以是代表交易双方利益的不直接参与交易的当地政府、中介公司、个人等。当森林生态服务受益者和购买者数量都较多时，双方可以分别组成协会或联盟，并成立促进森林生态服务付费的常设机构，如成立森林生态服务管理委员会，专门负责谈判的前期准备工作包括谈判的资金、技术和舆论准备等，并确定谈判的具体组织形式及每次生态服务交易的不同谈判主体，草拟谈判内容，包括明晰交易双方的权利和义务，生态服务付费的依据、原则、程序、对象、范围等多方面内容。在谈判过程中，由谈判双方进行博弈协商，最终确定交易数量和价格。

10.3.3 加强我国碳汇交易定价机制的制度建设

（1）碳排放量的监测和核证对碳汇交易定价机制的制度建设有很大影响。

商品的价格是以价值为基础，围绕价值上下波动的，所以碳汇交易定价的基础是碳排放权的价值，森林碳汇的价值和价格一样难以核算，对碳汇进行准确的核实计算转化成经济价值是我们面临的一项艰巨的任务。我们要将碳排放量的监测和核证制度化、程序化、规范化，制定一个统一的测量核查标准，减少误差。首先，我们要成立专业的第三方认证机构，专门负责企业碳排放量的审查核实，并将审查结果以报告的形式提交到交易所；其次，进一步完善减排认证的相关规则，包括认证的相关标准和程序；再次，研究和执行符合中国森林碳汇市场发展和企业实际承受力的温室气体测量、报告和核实体系。

（2）企业碳排放权的会计计量和审计制度。为了保证森林碳汇价格的确定具有实际意义，我们必须准确了解企业碳排放情况，因此，必须完善企业碳排放权的会计计量和审计制度。温室气体碳排放权的价值要在碳排放权相关证书签发后才能获得承认。森林碳汇作为一种交易商品是由森林产权人拥有或控制的资源，在森林碳汇交易的二级市场上企业在当期或以后的经营过程中使用或出售已认证的碳排放权来获取利润。企业通过 CDM 项目的参与或直接购买碳排放权，使得该资源的投入成本或者价值能够计量。因此，碳排放权属于企业可交易性金融资产，应当作为生产要素在会计系统中予以确认和计量。

（3）相关法律制度。森林碳汇通过市场途径将其价值化需要法律法规的外部保障才能顺利进行。碳排放权的初始确定需要法律上的保障。《碳排放交易法》与《环境法》中都有关于碳排放交易活动的相关条款，为了在市场中不出现混乱现象，我们要保证相关法律条款的统一性和同一性，为碳交易市场的正常运行提供有力的外部保证。除此之外，要进一步完善森林碳汇项目的申报登记许可证制度，使我们潜在的林业碳汇项目能够在已有的制度规则下顺利实施。国家林业相关机构应该为企业建立碳信用账户，并加强对该账户的监督和管理，及时完成信息的录入与反馈，使企业在明确的信息状态下选择减排方式。

10.4 转变中国森林碳汇市场的交易模式

中国现有的森林碳汇交易市场的交易较为分散，不能准确反映未来供求的变化以及价格的走势。因此，中国迫切需要转变森林碳汇交易市场的交易模式，建立以期货交易为主，项目合作为辅的森林碳汇交易市场体系。建立森林碳汇的期货交易市场能够有效规避市场风险和降低交易成本，有助于形成公正公开的价格，是我国森林碳汇交易发展的必然选择。

（1）期货交易的透明度高，竞争公开化、公平化，有助于形成公正的价格。

在我国的碳汇交易市场上，交易大多都是分散的，价格是由买卖双方私下协商达成的。对于企业管理者来说，他所能收集到的价格信息十分有限，准确率也较低。尤其重要的是，价格状况只能反映在某个时间点的供求状况，不能反映未来的供求变化以及价格走势，可预测能力较差。而在期货市场上，由于期货交易的参与者数目较多，可以代表供求双方的力量，有利于价格的形成。并且在期货交易市场中，交易者有着丰富的经营知识和广泛的信息渠道，他们对交易商品的行情较为熟悉，拥有一套科学的分析和预测方法。这样形成的期货价格可以反映大多数人的预测，因而较接近价格的供求变动趋势，也有助于形成公正的价格，可以为市场上碳交易权的供给企业和需求企业进行决策提供依据。

（2）期货交易市场可以有效地规避市场风险。目前，我国国内的碳排放权卖家与海外买家签订合同主要是通过两种方式进行。一种是买卖双方签订长期合同，以锁定未来的碳排放权价格；另一种则是买卖双方在合同中事先约定某一基准价格，然后在每年交易时根据交易日的欧洲碳价格的一定比例来作为基准价的升贴水，以此形成当年度的减排量交易价格。我国企业一般都是采取第一种方式，采取以长期合同锁定价格的方式。对于国内碳排放权的卖方而言，可以在签订出售协议之前就在期货市场上建立空头头寸，然后在正式签约时对冲平仓，这样就可以对冲这段时间排放权价格下跌的风险；卖方一旦签订了未来几年的出售协议后，就可以在期货市场上建立多头头寸，以防止由于排放权价格上涨而流失的利润，而且头寸可以随着合同期的延续不断展期。目前我国可进行境外套期保值的企业是受限的，仅有31家公司可以境外市场进行套期保值。因此对于国内从事CDM项目的企业而言，想参与欧洲气候交易所（ECX）或芝加哥气候交易所（CCX）的排放权套期保值并非易事。因此，十分必要建立一个碳排放交易的期货市场以满足我国企业套期保值、规避市场风险的需要。

（3）期货交易市场可以有效降低碳汇交易成本。在中国的森林碳汇交易过程中，往往产生巨额的交易成本。而在期货市场中，主要以标准化合约为交易对象，除了价格，合同上的其他条款均为固定的。交易各方无需为了降低谈判费用而对每笔交易的合同条款上的内容，如风险分担、利益分配等逐个协商。而且，期货交易由于参与者众多，能够有效地降低搜寻成本。

10.5 构建与国际接轨的多层次一体化碳汇交易定价机制

（1）碳汇交易中借鉴碳交易市场定价方式在一级市场中采用初始碳排放权拍卖的定价机制。规定碳排放限额是碳汇交易活动进行的基础，企业由于受到碳排放限额的约束，权衡自身碳减排成本和购买碳排放权的边际成本，从而产生对碳排放权的购买需求，才使得碳排放权具有价值，进而才能够形成碳汇交易。因此，初始碳排放权分配的公平性和有效性是碳汇交易顺利进行的保障，而拍卖的形式则是一个较好的实现方式。在拍卖中，一般由政府限定最低门槛，企业通过竞标的方式以高于政府最低限价获得初始碳排放权。鉴于目前我国企业的发展和承受能力，建立碳汇交易一级市场初始排放权拍卖的定价机制还需要一个漫长的过程。

（2）建立碳汇交易二级市场的供求定价机制。碳汇交易的二级市场也处在发展的初级阶段，目前仍然是不完全竞争市场，价格很难完全由供求决定而是以碳交易权的价值为基础，并受国际政策、供求双方的主动权、交易成本、风险预期水平很多因素的影响。碳汇交易的买方会将购买碳排放权所付出的成本与通过自身努力实现节能减排所付出的成本进行比较，选择投入更少的方式实现减排目标。碳汇交易的卖方则会对减少碳排放的所需要付出的费用与碳交易获得的收益之间进行对比，然后确定碳排放权的价格。在森林碳汇市场发展的初期，合理的碳交易价格要在供求机制与政府的宏观政策目标的共同协调下，激励企业通过自身技术方面的革新实现节能减排或者通过购买碳排放权实现减排目标最终实现资源的最优配置。

（3）将衍生品引用到碳汇市场的定价机制中。我国应该建立与国际接轨的碳汇金融衍生品市场定价机制，搜集国内外各种相关碳汇信息和数据，并进行分析整理，为我国大量的碳汇卖方提供一个信息平台，增强我国在国际碳交易价格问题上的主动权。首先，鼓励各金融机构设立碳汇金融独立业务部，为融资主体提供全面的服务；其次，将森林碳汇这种产品与金融衍生品进行有效组合，为森林碳汇交易定价开辟新的视角；再次，鼓励金融组织开辟专业的森林碳汇服务平台，金融组织可以依托众多的信息渠道资源，通过提供融资租赁、财务顾问、资金账户管理、基金托管等多项业务全方位地介入碳汇交易的中介服务；最后，设立碳排放权期货交易所，森林碳汇提供者及温室气体排放企业均可在碳排放权期货交易市场进行套期保值投资，以减少碳汇价格风险。

11

结　论

在全球范围内，随着人们对生态环境及温室气体在全球气候变暖问题上认识的增进，森林的生态效益及森林碳汇的经济价值日益凸显，国内外学者对于森林生态效益市场化、市场的交易机制问题以及碳汇的监测及价格问题都进行了一系列的研究。本书对森林生态资源市场化从国内外的研究现状进行了梳理并提出了森林生态多级交易市场的构想，构思了森林生态的特殊产品——碳汇基于价格机制在市场机制中的核心地位的价格确定，包括对价格的影响因素、价格的确定模型、定价机制等问题进行了深入的研究探讨。本书得出以下结论：

（1）森林生态服务市场的实质是一种环境经济手段，突破性地运用价格机制实现生态服务需求者向生态服务供给者的有效支付，是对科斯理论的证明和发展，也是市场手段在庇古所谓的对付正外部性应实行补贴的突破和创新。森林生态服务市场不能自发形成，是一种人为市场。与通常的商品不同，森林生态服务是森林生态系统提供的具有正外部和公共产品属性的一种无形服务，该服务的支付对象和被支付对象很难自行确定。因此，森林生态服务市场是人们在科学评价森林生态系统服务价值，深刻揭示其隐藏的社会经济关系的基础上，为使人类保护生存环境，实现林业可持续发展，人为创造的一种森林生态服务的需求和市场运行机制。

（2）森林生态服务市场与一般市场一样，其运行机制包括交易机制、价格机制、供求机制和风险防范机制等。其中价格机制是运行机制的核心，科学合理地为森林生态服务产品定价是市场机制的核心和重点，同样也决定市场能否有效配置资源。

（3）传统的定价方法仅仅反映了森林生态资源的近似替代成本，并不能反映市场参与主体的行为选择对市场价格的影响。但是，森林生态服务作为一种具有公共物品属性的商品，其价格的制定并不能完全按照市场的供求关系，也要兼顾社会的效率与公平。本书创新性地提出了基于博弈论的森林生态服务定价方法，将政府、供给者、需求者纳入博弈模型的相关利益主体中，希望在政府进行价格管制的基础上，通过供求双方的博弈制定出森林生态服务产品的均衡价格，从而在价格与供求均衡的基础上实现效率与公平的均衡。

（4）政府在森林生态服务市场中的作用很重要，但仍居于第二位。政府不能随意扩张自己的权力。政府的作用主要应该体现在以下方面：制定交易制度、提供科学技术支持、明晰产权、加强宣传教育工作、加强市场风险管理以及监管、提供服务并确保市场运行符合可持续发展要求。

（5）森林碳汇的公共物品性导致森林碳汇服务市场不能自发形成，属于人为市场。与通常意义上的商品不同，森林碳汇服务商品的需求也不是自然产生的，它是随着国际规则的制定而产生的，是一种引致需求。因此，森林碳汇服务市场是人们为使大气平流层温室气体浓度保持在正常水平，有效抑制全球气候变暖，人为地创造对森林碳汇服务的需求和市场交易机制。

（6）森林碳汇服务市场的实质是一种环境经济手段。森林碳汇服务市场第一次通过价格机制在全球范围内实现森林生态环境效益补偿，是价格手段在庇古所谓的对正外部效应补贴的应用和创新。森林碳汇服务市场的创建和开发对我们的启示是：在解决诸如公共外部性问题上，要正确处理市场机制和政府的关系，将目标和手段有效结合。

（7）发展低碳经济、碳汇经济或碳汇市场，离不开碳汇价格的计量。对森林碳汇价格的计量，应符合经济学的理论规范，根据不同的评价目的采用不同的评价方法、模型和公式。一般自由市场竞争条件下形成的价格，比较接近或等于影子价格或最优价格。本书重点采用影子价格对森林碳汇的价格进行核算。

（8）从国内层面来看，在我国建立森林碳汇服务自愿交易机制具有较强的可行性和必要性。构建中国森林碳汇志愿市场模式还面临着很多的挑战，无论是京都碳汇市场还是非京都碳汇市场，其发展都不是一帆风顺的，建立国内的碳信用二级市场将会是以后工作的重点之一。本书在解决这些挑战和问题时提出了中国森林碳汇市场的保障环境，包括做好立法准备，筹建气候交易所以及建立森林碳汇及其市场监管体系等建议。

（9）通过对我国黑龙江省森工国有林区森林碳汇物理量和价值量的测定，以及对其结果的分析表明，在第六次到第七次森林资源清查之间的五年内，该林区内的森林主要优势树种的碳汇物理量有了相对较大的增加，但碳汇潜力还是很大的，并且预测数据也显示在未来的几年中碳汇量是呈增长趋势的。这充分显示了该林区在森林碳汇方面的巨大潜力和重要作用。

　　基于个人知识有限，本书对于森林碳汇市场和价格机制的研究也是建立在国内外学者研究的基础之上，许多问题往往由于缺乏相关的数据与实践，分析不够透彻，甚至某些地方有些粗糙。考虑到本书的不足以及我国存在的现实问题，拟对我国今后在该领域研究提出以下几点建议：

　　（1）由于《京都议定书》减排时限的临近，世界各国都在构建符合自己国家应对气候变暖的政策，中国政府在该领域的研究与探讨需要进一步的深化和加强。要加紧我国碳税方面的研究和实施，并根据我国对于温室气体减排的需求，利用市场的供需关系及边际减排成本曲线以及环境资源相关定价理论等方面的知识，进一步研究我国具体的森林碳汇减排价格。

　　（2）系统研究中国森林碳汇市场问题。近年来我国在森林碳汇方面的研究工作已经逐步展开，但主要是依托试点项目探索总结技术、市场、政策等方面的基本问题，广度和深度都还远远不够。现在的理论研究基本都集中在技术方法学层面，在市场机制和政策体系领域的研究寥寥无几。而一个碳汇项目的成功运行离不开技术、市场和政策的综合作用，三者缺一不可。特别是在当前，国内的试点项目还没有成功的经验可以借鉴，在碳汇领域还存在一些不确定性甚至是争论时，就更加迫切需要理论的指导。

　　（3）目前，森林生态服务市场的构建及运行机制只是处于研究和建设的初级阶段，本书仅仅是对我国森林生态服务市场机制的一个简单探讨，研究还存在不足之处。在基于我国森林生态服务博弈定价的计算过程中，由于掌握资料和数据的有限性，计算结果可能存在偏差。希望能够对森林生态服务市场的整体建设模式提供有价值的参考，森林生态服务市场的建设仍需要在实践中不断探索前进。

参 考 文 献

保罗·萨缪尔森·威廉·诺德豪斯.1999.微观经济学.萧琛,艾馨,蒋景媛译.北京:华夏
　出版社.
鲍健强,苗阳,陈锋.2008.低碳经济:人类经济发展方式的新变革.中国工业经济,
　19(4):51-57.
蔡志坚,华国栋.2005.对我国发展森林碳补偿贸易市场的相关问题探讨.林业经济问题,
　13(2):11-15.
蔡志坚.2005.森林碳补偿贸易市场及其在中国发展的相关问题研究.世界林业研究,
　35(4):34-39.
曹开东.2008.中国林业碳汇市场融资交易机制研究.北京:北京林业大学硕士学位论文.
陈根长.2003.环境资源与社会经济发展的矛盾决定了林业的发展趋势和地位.林业经济,
　15(11):25-26.
陈宜瑜,傅伯杰.2011.中国生态系统服务与管理战略.北京:中国环境科学出版社.
陈勇,支玲.2005.森林环境服务市场研究现状与展望.世界林业研究,15(4):16-20.
付允,马永欢,刘怡君,等.2008.低碳经济的发展研究.中国人口·资源与环境,18(3):
　14-19.
郭葵香,张永丽.2010.自来水影子价格计算.陕西水利科技,12(6):33-35.
国家统计局.2009.中国统计年鉴2008.北京:中国统计出版社.
国家统计局.2010.中国统计年鉴2009.北京:中国统计出版社.
国家统计局.2011.中国统计年鉴2010.北京:中国统计出版社.
国家统计局.2012.中国统计年鉴2011.北京:中国统计出版社.
韩洁.2009-11-19.中国已成功注册663个CDM项目预计年减排1.9亿吨.新华社,第3版.
何承耕,林忠,陈传明,等.2002.自然资源定价主要理论模型探析.福建地理,17(9):
　1-5.
何英,刘云仙,张小全.2007.中国森林碳汇交易市场现状与潜力.林业科学,43(07):
　106-111.
黑龙江省森工总局.2009.黑龙江省森工国有林区森林资源一类清查资料汇编.北京:中国统
　计出版社.
侯元兆,吴水荣.2005.森林生态服务价值评价与补偿研究综述.世界林业研究,18(3):
　1-5.
侯元兆.2002.森林环境价值核算.北京:中国科学技术出版社.
胡昳,姜洋.2009.浅谈碳汇的确认/计量与定价.绿色财会,15(6):12-13.
黄方.2006.森林碳汇的经济价值.广西林业,9(5):42-44.

黄平，王雨露．2010．我国碳排放权价格形成的研究．价格理论与实践，13（7）：24-25．

姜礼尚．2003．期权定价的数学模型和方法．北京：高等教育出版社．

金乐琴，刘瑞．2009．低碳经济与中国经济发展模式研究．经济问题探索，10（1）：84-87．

金巍，文冰，秦钢．2006．林业碳汇的经济属性分析．中国林业经济，15（7）：14-16．

肯尼思·巴顿．2001．运输经济学．北京：商务印书馆．

冷清波，周早弘．2013．东江源区森林系统碳汇计量．西北林学院学报，14（5）：17-20．

李海涛，袁嘉祖．2003．中国林业政策对减排温室气体影响．江西农业大学学报，7（10）：
   14-15．

李怒云，高均凯．2003．全球气候变化谈判中我国林业的立场及对策建议．林业经济，
   26（5）：21-28．

李怒云，王春峰，陈叙图．2008．简论国际碳和中国林业碳汇交易市场．中国发展，8（3）：
   9-12．

李怒云，杨炎朝．2009．气候变化与碳汇林业概述．开发研究，142（3）：95-97．

李怒云．2007．中国林业碳汇．北京：中国林业出版社．

李顺龙．2006．森林碳汇问题研究．哈尔滨：东北林业大学出版社．

李新，程会强．2009．基于交易成本理论的森林碳汇交易研究．林业经济问题，03（29）：
   269-273．

李新，程会强．2009．基于交易成本理论的森林碳汇交易研究．林业经济问题，3（2）：69-73．

厉以宁．1995．转型发展问题探讨．财经研究，29（6）：36-42．

连振．2009-04-20．水权改革带来的用水革命——我国第一个节水型社会试点张掖市回访．新
   华社，第2版．

梁丽芳，张彩虹．2007．构建森林生态服务市场的经济学分析．理论探索，7（6）：78-80．

林德荣．2005a．森林碳汇服务市场化研究．北京：中国林业科学研究院．

林德荣．2005b．森林碳汇市场的演进及展望．世界林业研究，2（1）：125-126．

林德荣．2008．森林碳汇服务市场化研究．北京：中国林业科学研究院．

林德荣．2010．森林碳汇服务市场化研究．北京：中国林业科学研究院．

林德荣，李智勇，支玲．2005．森林碳汇市场的演进及展望．世界林业研究，10（8）：25-27．

刘璨，吴水荣．2002．我国森林资源环境服务市场创建制度分析．林业科技管理，13（3）：
   45-48．

刘飞．2010．森林生态效益市场化探析．生产力研究，27（3）：45-48．

刘国忱．2013．能源价格机制改革的期待．首席财务官，15（10）：15-18．

刘国华，方精云．2000．中国森林碳动态及其对全球碳平衡的贡献．生态学报，20（5）：
   733-740．

刘凯旋，金笙．2011．国内森林碳汇市场交易定价方法比较研究．农业工程，9（2）：99-103．

刘敏，陈田，刘爱利．2008．旅游地游憩价值评估研究进展．人文地理，14（1）：13-19．

刘楠．2009．中国碳交易市场前景分析．内蒙古科技与经济，11（8）：12-14．

刘细良 . 2009-06-02. 低碳经济与人类社会发展 . 光明日报, 第 010 版 .

刘于鹤, 林进 . 2008. 加强森林经营、提高森林质量——从编制实施森林经营方案出发 . 林业经济, 16 (7): 6-10.

吕学都, 刘德顺 . 2005. 清洁发展机制在中国: 采取积极和可持续的方式 . 北京: 清华大学出版社 .

罗云建, 王效科, 张小全 . 2013. 中国森林生态系统生物量及其分配研究 . 北京: 中国林业出版社 .

马云涛, 郑寿春, 黄宏起 . 2011. 森林碳汇市场初探 . 环境经济, 11 (4): 33-36.

毛占锋, 王亚平 . 2008. 跨流域调水水源地生态补偿定量标准研究 . 湖南工程学院学报, 18 (2): 15-18.

琼·罗宾逊, 约翰·伊特韦尔 . 1992. 陈彪如译 . 新帕尔格雷夫经济学大辞典 . 北京: 经济科学出版社 .

邱威, 姜志德 . 2008. 我国森林碳汇市场构建初探 . 世界林业研究, 19 (6): 54-57.

师丽华, 翁国盛, 高秀芹, 等 . 2008. 浅谈在中国开展林业碳汇的意义 . 陕西林业科技, 16 (2): 108-109.

世界银行 . 2009. 2009 世界发展报告: 重塑世界经济地理 . 胡光宇译 . 北京: 清华大学出版社 .

世界资源研究所 . 2000. 气候保护倡议 . 张坤民, 何雪炀, 温宗国译 . 北京: 中国环境科学出版社 .

苏帆, 张颖 . 2010. 森林涵养水资源价格计算方法的比较讨论 . 农村经济与科技, 21 (3): 42-44.

孙雅岚 . 2012. 林业碳汇价值评价方法研究的文献回顾与展望 . 现代经济信息, (3): 280-281.

谭志雄, 陈德敏 . 2012. 区域碳交易模式及实现路径研究 . 中国软科学, 19 (4): 76-84.

汤姆·泰坦伯格 . 2003. 环境与自然资源经济学 . 严旭阳, 等译 . 北京: 经济科学出版社 .

汤姆·泰坦伯格, 王森 . 环境经济学与政策 . 2011. 高岚, 李怡, 谢忆译 . 北京: 经济科学出版社 .

王兵, 张技辉, 张华 . 2011. 环境约束下中国全要素能源生产率研究 . 中国会议 .

王金南, 蒋洪强, 葛察忠 . 2008. 中国污染控制政策的评估及展望 . 生态环境, 8 (5): 36-40.

王璟珉, 岳杰, 魏东 . 2010. 期权理论视角下的企业内部碳交易机制定价策略研究 . 山东大学学报: 哲学社会科学版, 13 (2): 86-94.

王舒曼, 王玉栋 . 2000. 自然资源定价方法研究 . 生态经济, 20 (4): 17-19.

王文举 . 2003. 博弈论应用与经济学发展 . 北京: 首都经济贸易大学出版社 .

王效科, 冯宗炜, 欧阳志云 . 2001. 中国森林生态系统的植物碳储量和碳密度研究 . 应用生态学报, 12 (1): 13-16.

王修华, 赵越 . 2010. 我国碳交易的定价困境及破解思路 . 理论探索 . 10 (3): 66-69.

王雪红 . 2002. 林业碳汇项目及其在中国发展潜力浅析 . 世界林业研究, 39 (4): 51-56.

王毅武 . 2005. 市场经济学——中国市场经济引论 . 北京: 清华大学出版社 .

王则柯，李杰．2004．博弈论教程．北京：中国人民大学出版社．

许文强，支玲．2008．涉及国际碳汇贸易的林业项目碳汇价值的确定．林业经济问题，
　　22（10）：17-19．

闫淑君，洪伟．2003．森林碳汇项目产权界定与价值评估的有关问题探讨//国家林业局政策法
　　规司．碳交换机制和公益林补偿研讨会论文汇编．北京：北京林业出版社：65-74．

杨开忠，白墨，李莹，等．2002．关于意愿调查价值评估法在我国环境领域应用的可行性探
　　讨——以北京市居民支付意愿研究为例．地球科学进展，17（3）：420-425．

叶绍明，郑小贤．2006．国内外林业碳汇项目最新进展及对策探讨．林业经济，27（4）：
　　64-67．

殷鸣放，杨琳，殷炜达，等．2010．森林固碳领域的研究方法及最新进展．浙江林业科技，
　　30（6）：78-86．

尹少华．2010．森林生态服务价值评价及其补偿与管理机制研究．武昌：中国财政经济出版
　　社．

于波涛，曹玉昆．2011．森林生态服务资产化与多级交易市场体系初探．林业科学，47（1）：
　　143-152．

约翰·伊特韦尔，等．1992．新帕尔格雷夫经济学大辞典．北京：经济科学出版社．

曾华锋．2009．《京都议定书》交易机制与生态碳核算系统的构建．财会通讯，18（3）：
　　72-74．

张大红，崔科，王立群．2003．退耕还林生态学与经济学理论依据探索．林业经济，17（5）：
　　13-18．

张洪武，罗令，牛辉陵，等．2010．森林生态系统碳储量研究方法综述．陕西林业科技，
　　15（6）：45-48．

张嘉宾．1982．关于估价森林多种功能系统的基本原理和技术方法的探讨．南京林产工业学院
　　学报，10（3）：3-17．

张陆彪，郑海霞．2004．流域生态服务市场的研究进展与形成机制．环境保护，6（12）：
　　38-43．

张五常．2001．经济解释．北京：商务印书馆．

张小全．陈幸良．2003．森林碳汇项目产权界定与价值评估的有关问题探讨//国家林业局政策
　　法规司．碳交换机制和公益林补偿研讨会论文汇编．北京：中国林业出版社：7-12．

张晓静，曾以禹．2012．构建我国林业碳汇交易市场管理机制几点思考．林业经济，18（8）：
　　66-71．

张颖，侯元兆，魏小真，等．2008．北京森林绿色核算研究．北京林业大学学报，30（增刊
　　1）：232-237．

张颖，吴丽莉，苏帆，等．2010a．森林碳汇研究与碳汇经济．中国人口、资源与环境，
　　20（3）：288-291．

张颖，吴丽莉，苏帆，等．2010b．我国森林碳汇核算的计量．北京林业大学学报，32（2）：

194-200.

张永利，杨峰伟，王兵. 2010. 中国森林生态系统服务功能研究. 北京：科学出版社.

郑爽. 2006. 全球碳市场动态. 气候变化研究进展，2（6）：56-57.

郑相宇，卢开聪，陈群. 2009. 建设全国性碳排放交易中心发展 CDM 项目. 环境科学与管理，34（1）：74-77.

周洪，张晓静. 2003. 森林生态效益补偿的市场化机制初探. 中国林业，10（8）：31-32.

朱方明，蒋永穆. 2001. 政治经济学（下册）. 成都：四川大学出版社.

庄贵阳. 2005. 中国经济低碳发展的途径与潜力分析. 太平洋学报，11（1）：79-87.

Additional Report of Working Group 4. 2001. Transaction Costs of the Project-based Kyoto Mechanisms. Department of Environmental and Resource Economics, Environmental Management, 14：65-69.

Alex, Frank J. 2005. Transaction costs, institutional rigidities and the size of the clean development mechanism. Energy policy, 33：511-523.

Alexeyev V, Birdsey R, Stakanov V, et al. 1995. Carbon in Vegetation of Russian Forests：Methods to Estimate Storage and Geographical Distribution. Water, Air and soil Pollution, 82：271-282.

Aubinet M, Grelle A, Ibrom A. 2000. Estimates of the Annual Net Carbon and Water Exchange of Forests. The EUROFLUX Methodology. Adv. Res, 30：113-175.

Banks J, Marsden T. 2000. Integrating Agri-Environment Policy, Farming Systems and Rural Development：Tir Cymen in Wales. Sociologia Ruralis, 5：59-68.

Bauhus J. 2010. Ecosystem Goods and Services from Plantation Forests. Ecological Complexity, 37：11-17.

Burchfield C. 2012. The Tinder Box：How Politically Correct Ideology Destroyed the U. S. Forest Service. Stairway Press, 34：45-51.

Christophe D G, Oscar C. 2003. Transaction Costs and Carbon Finance Impact on Small Scale CDM Projects. Prototype Carbon Fund PCF plus Report 14, 34：56-65.

Clark K L, Howell R M, Scott R M. 1999. Environmental controls over net exchanges of carbon dioxide from contrasting Florida ecosystems. Ecol. Appl, 9：936-948.

Clark S B. 2002. Carbon sink by forest sector, options and needs for implementation. Forest Policy and Economics, 4：18-25.

Culhane P J. 2011. Public Lands Politics：Interest Group Influence on the Forest Service and the Bureau of Land Management. Resources for the Future Press, 66：46-53

Dudek D J, Wienar J B. 1996. Joint implementation, transaction costs, and climate change, organization for economic cooperation and Development, Paris：OECD/GD.

EcoSecurities, Ltd. 2001. Prototype Carbon Fund Market Intelligence Report, 6：78-85.

Grossman G M, Krueger A B. 1991. Economic Growth and the environment. Prentice Hall, 27（4）353-377.

Hahn Samuel, Becker Daniel G. 2008. An innovative strategy to reward Asia, UP land poor for preserving and improving our environment. World Agroforestry Center, 6: 38-43.

Halme P, Allen K A. 2013. Challenges of Ecological Restoration: Lessons from Forests in Northern Europe. Biological Conservation, 248-256.

Hotelling J. 1931. Depletion of resources economics. Political and Economic Journal USA, 15 (3): 23-27.

Icraf, Rupes. 2008. An Innovative Strategy to Reward Asia, U P land Poor for Preserving and Improving Our Environment. Nairobi. World Agroforestry Center, 6: 38-43.

Jarvis P G, Massheder J M, Hale S E, et al. 1997. Seasonal Variation of Carbon Dioxide, Water Vapor and Energy Exchanges of a Boreal Black Spruce Forest. Journal of Geophysical Research, 102: 28953-28966.

Jenkins M, Sara J, Inbar S M. 2004. Markets for Biodiversity Services, Potential Roles and Challenges. Environment, 6: 32-42.

Jones H P. 2013. Impact of Ecological Restoration on Ecosystem Services. Encyclopedia of Biodiversity, 199-208.

Jong B. 2000. An Economic Analysis of the Potential for Carbon Sequestration by Forests: Evidence from Southern Mexico. Ecological Economics, 33: 27-35.

Kerr J. 2005. Property Right. Environmental Services and Poverty inIndonesia. BASIS CRSP, 8: 75-76.

Kiss F A. 2002. Direct Payments to Conserve Biodiversity. Science, 8: 1718-1719.

Kolchugina T P, Vinson T S. 1993. Comparison of Two Methods to Assess the Carbon Budget of Forest Biome in the Former Soviet Union. Water, Air and soil Pollution, 70: 207-221.

Krishna J. 2007. Tracing the Roots of Development and Democracy. New York: Columbia University Press.

Kurz W A, Apps M J. 1992. The carbon budget of the Canadian forest sector: Phase 1. Nor-X-326 Forestry Canada. Edmonton Alberta, Canada, 8: 40-51.

Landell-Mills, Natasha. 2002. Developing markets for forest environmental services: An opportunity for promoting equrty while securing efficiency. Philosophical Transactions, 360 (1797): 1817-1825.

Lecocq F. 2001. Prototype carbon fund market. Intelligence Report, 6: 78-85.

Michael C, Bernhard M. 2002. Potentials of GHG reductions from wastewater treatment for the CDM. Science China (Technological Sciences), 23 (3): 48-52.

Michael D, Bernhard S. 2003. Practical Issues Concerning Temporary. Carbon Credits in the CDM. Hamburg: HWWA Discussion Paper, 85: 122-143.

Michaelowa A, Stronzik M. 2002. Transaction Costs of the Kyoto Protocol. Hamburg: HWWA Discussion Paper, 7: 26-34.

Milne M. 1999. Transaction Costs of Forest Carbon Projects. Indonesia: Center for International Forestry Research (CIFOR).

Moulton R, Richards K. 1990. Costs of Sequestering Carbon through Tree Planting and Forest Management in the United States, General Technical Report. Washington: U. S. Department of Agriculture.

Moura C P, Wilson C. 2000. An Equivalence Factor between CO_2, Avoided Emissions and Sequestration- description and Applications in Forestry. Mitigation and Adaptation Strategies for Global Changes, 1: 51-60.

Newell R G. 2000. Climate Change and Forest Sinks: Factors Affecting the Cost of Carbon Sequestration. Journal of Environmental Economics and Management, 40: 211-235.

Oscar J, Cacho, Graham, et al. 1993. Transaction and abatement costs of carbon-sink projects: an analysis abased on Indonesia agro for estry systems. Working Paper cc06, A CIAR Projects A SEM, 93: 88-92.

Pablo B. 2004. Global supply for carbon sequestration: Identifying least- cost afforestation sites under country risk considerations. Interim Report, IR-04-022, 3: 35-46.

Pavel C, Josef S, Jan. 2013. Forest Ecosystem Services Under Climate Change and Air Pollution. Developments in Environmental Science, 521-546

Pearce J K. 1989. The Green Economy Blueprint. Joint Cambridge University Press, 18 (2): 35-41.

Richards K R, Stokes C. 2004. A Review of Forest Carbon Sequestration Cost Studies: A Dozen Years of Research. Climatic Change, 6: 31-48.

Robinson G O. 2011. The Forest Service: A Study in Public Land Management. Resources for the Future Press, 87: 34-45.

Romer A B. 1986. Optimal taxation in an endogenous growth model with multiple levels of governments. Science Foundation in China, 10 (2): 15-20.

Scherr S T, Martin A. 2000. Developing Commercial Markets for Environmental Services of Forests. Katoomba Workshop, 10: 23-29.

Schneider L. 2007. Is the CDM Fulfilling Its Environmental and Sustain- able Development Objectives? An evaluation of the CDM and Options for Improvement. Berlin: Report Prepared for WWF by Öko-Institut E V.

Sedjo R, Solomon A. 1989. Green House Warming: Abatement and Adaptation. In Crosson, 16: 13-17.

Snelde D J, Lasco R. 2010. Smallholder Tree Growing for Rural Development and Environmental Services: Lessons from Asia. Springer, 86: 61-70.

Stavins J. 1995. Transaction Costs and Tradeable Permits. Journal of Environmental Economics and Management , 29: 73-87.

Stefano Pagiola, Natasha Landel- Mills, Joshua Bishop. 2002. Selling forest environmental services:

Market-based mechanisms for conservation and development. Earthscan Ltd. , 10 (8): 58-62.

UNFCCC. 1999. Review of the Implementation of Commitments and of Other Provisions of the Convention UNFCCC Guide-lines on Reporting and Review. Ecological Economics, 29: 269-291.

URS SPRINGER. 2003. Can the Risk of the Kyoto Mechanisms be Reduced through Portfolio Diversification? Evidence from the Swedish AIJ Program, Environmental and Resouce Economics, 7: 27-32.

Wunder A B. 2005. Utilisation and management changes in South Kyrgyzstan's mountain forests. Journal of Mountain Science, 2: 35-39.